天下龙文

解读多元文化讯息
激荡渴求知识的纯美心灵

U1068622

# 世界经典战车108

编写◎孙珑

航空工业出版社
北京

## 内容提要

本书精选了二战以来世界各国最著名的陆战武器：有“陆战之王”、“陆战猛虎”之称的主战坦克；与坦克同族同宗、协同作战的步兵战车和装甲输送车；在第二次世界大战中以“战争之神”而享誉军事舞台的武器新贵——火炮等。

本书图文并茂，内容丰富，全面系统，资料翔实，力求使广大读者在轻松、愉快的阅读中，领略它们在硝烟弥漫的战场上的气魄。对于青少年和军事爱好者是一本难得的科普读物，对于相关专业从业人员也有极大的参考价值。

**图书在版编目(CIP)数据**

世界经典战车108 / 孙珑编写. --北京：航空工业出版社，2011.4(2022.1 重印)
ISBN 978-7-80243-594-0

Ⅰ.①世… Ⅱ.①孙… Ⅲ.①战车—简介—世界
Ⅳ.①E923

中国版本图书馆CIP数据核字(2010)第158652号

分类建议 少儿·课外阅读

世界经典战车108
Shijie Jingdianzhanche 108

航空工业出版社出版发行
(北京市安定门外小关东里14号 100029)
发行部电话：010-64815521 010-64978486

三河市燕春印务有限公司印刷 全国各地新华书店经售
2011年4月第1版 2022年1月第3次印刷
开本：787×1092 1/16 印张：12 字数：280千字
印数：13001—18000 定价：48.00元

# 前言

# Qian yan

自古以来，人类的历史是和战争分不开的。人们为了在战争中取得胜利，设计出各式各样的战斗武器。

武器随着人类社会的不断进步、生产力的不断提高、科学技术的不断发展、战争的不断演变而不断繁衍、更新和发展，并经历了一个从简单到复杂、从低级到高级、从单功能到多功能、从小威力到大威力的漫长发展历程。

它们用火焰征服对手，

它们用钢铁捍卫自我；

在充满绝望与希望的战场上，

只有它们用不屈的战斗精神指引胜利的光芒，

那隐藏在冰冷躯体之下的，

是人类精妙的智慧与炽烈的激情。

本书精选了第二次世界大战以来纵横驰骋于各大战场的最著名的陆战武器。

——有“陆战之王”、“陆战猛虎”之称的主战坦克。

自首次驰骋战场至今，坦克始终都令敌人产生一种莫名的敬畏，每种坦克的设计与能力都促成了其自身独有的战法。

——与坦克同族同宗、协同作战的步兵战车和装甲输送车。

为了帮助读者迅速而准确地对这些战车进行识别，本书提供了有关这些车辆的重要信息、配置性能等。

——在第二次世界大战中以“战争之神”而享誉军事舞台的武器新贵——火炮。

本书介绍自火炮诞生以来各种火炮，如迫击炮、高射炮、榴弹炮、加榴炮等的发展历史、性能特点、发展水平、在战争中的地位和作用。

本书图文并茂，内容丰富，全面系统，资料翔实，力求使广大读者在轻松、愉快的阅读中对它们有一个更加全面、理性的认识，领略它们在硝烟弥漫的战场上的气魄。

一座纸上军事博物馆，一个了解火力战车的窗口。

对于青少年和军事爱好者是一本难得的科普读物，对于相关专业从业人员也有极大的参考价值。

作　者

# 目录 MULU

## 第1章 坦克

## 第2章 装甲车

## 第3章 自行火炮

# 第1章 坦克

坦克是具有强大直射火力、高度越野机动性和坚固防护力的履带式装甲战斗车辆。它是地面作战的主要突击兵器和装甲兵的基本装备，主要用于与敌方坦克和其他装甲车辆作战，也可以压制、消灭反坦克武器，摧毁野战工事，歼灭有生力量。

# 坦克——沙场王者

随着坦克诞生于第一次世界大战，称雄于第二次世界大战，而且从第二次世界大战起至今一直是陆地战场上的主宰力量，因此得名“陆战之王”。

坦克的诞生，绝非偶然。从战争需要来讲，第一次世界大战期间，由于枪、炮等速射兵器在战场上大量使用，而战场上一般都是碉堡林立，堑壕纵横，铁丝网密布，使防御变得比较坚固，攻方很难突破防线，而士兵在进攻时往往会遭到很大伤亡，因此迫切需要造出一种能攻、能防并能实施机动的新式武器，用来突破对方的防御阵地。

在第二次世界大战的整个过程中，坦克发挥出了强大的威力。

世界第一辆坦克——英国Ⅰ型坦克

从科学技术的发展水平来看，当时资本主义工业和技术的发展水平，特别是大功率、小体积的内燃机、履带推进装置、具有膛线和反后坐装置的火炮、轻而坚固的装甲板和汽车工业的迅速发展，为实现这一要求提供了坚实的物质技术条件。1915年8月，英国政府试制了第一辆坦克样车，英国海军则针对其可笑的外形开玩笑地叫它“水柜”，经过改进和定型投产后称为Ⅰ型坦克。1916年9月15日，在法国索姆河畔的英、德战场上，第一次出现了这种新式武器——坦克，即英国的Ⅰ型坦克。

1939—1945年间的第二次世界大战，是坦克称雄战场的时代。无论从坦克动用的规模、在战争中所起的作用，还是坦克型号发展之快来看，都是空前绝后的。在第二次世界大战的整个过程中，坦克纵横驰骋于广阔的疆场，充分发挥了快速机动和突击作用，显示出了强大的威力，战果举世瞩目。

**龙文小百科　世界上第一辆坦克——大不列颠“水柜”**

1915年，一种奇特的钢铁战车在英国福斯特工厂制造出来，在它们首次参战前，为了保密起见，这种战斗车辆被取名为“tank”，原意是储存液体或气体的容器，但它的外形实在是出乎人们的意料之外，人们便也戏称它为“水柜”，tank这个名称也一直沿用至今。

1916年，经过完善的“水柜”被秘密运抵索姆河战场，令德军束手无措。“水柜”的战斗全重约28吨，发动机功率77千瓦，时速为6千米，两门口径为57毫米的火炮安装在车体两侧的炮架上，两条履带从车顶上绕过车体，外廓呈菱形，刚性悬挂，车后伸出一对转向轮，用于转向，也用于保持平衡。

↓不可一世的 M1A1 主战坦克。

战争经验表明，具有较强火力、较强机动力和良好防护性的坦克，是一种重要的地面战斗武器，它有助于增强陆军的突击力，可与其他兵种密切协同，执行多种陆战任务，从而成为地面战场的主宰。

第二次世界大战结束以后，坦克的发展大体经历了三个阶段：

20 世纪 40 年代末至 50 年代，苏、美、英、法等国借鉴了坦克在大战中的使用经验，设计制造了战后第一代坦克，主要有苏联的 T-54/55 中型坦克、美国的 M48 中型坦克、英国"百人队长"中型坦克和"征服者"重型坦克、法国的 AMX-13 轻型坦克等；60~70 年代研制的坦克为战后第二代坦克，也称为第一代主战坦克，主要有苏联 T-62 坦克、英国"酋长"坦克、美国 M60A1 坦克、德国"豹"1 坦克、法国 AMX-30 坦克、日本 61 式坦克等；70 年代中期以来，研制了第三代坦克，这一时期的坦克主要有苏联 T-72 坦克、美国 M1 坦克、德国"豹"2 坦克、英国"挑战者"坦克、以色列"梅卡瓦"坦克、日本 74 式坦克等。

随着高新技术的飞速发展，坦克的科技水平及性能指标大幅提高，到了 20 世纪 90 年代，又出现了一批新型主战坦克，如法国"勒克莱尔"，俄罗斯 T-80、T-90，日本 90 式等主战坦克。同时，现役的三代坦克得到进一步改进，出现了如美国 M1A2、英国"挑战者"2、德国"豹"2A5、以色列"梅卡瓦"Ⅲ等主战坦克。

"挑战者"坦克是英国军队在 20 世纪 80 年代开始列装的一种主战坦克。

其突出的技术特点便是将主动防护装置应用在了主战坦克上。俄罗斯称为“窗帘”－Ⅰ和“竞技场”的对抗系统，对来袭的弹丸进行探测，并在极短的时间内作出反应，予以干扰和破坏，达到自身防护目的。同时火控系统性能也有了新的提高，热像仪的广泛应用，使坦克装甲车辆在夜间的观察及瞄准距离大大提高。在日本和以色列的坦克上，首次安装了目标自动跟踪系统，缩短了火控系统反应时间。电子信息系统的应用，使主战坦克在战场上的态势感知、车际信息传输、指挥控制能力得到空前提高。

毋庸置疑，“陆战之王”的威力随着现代科技的发展正在马不停蹄地大步向前跨越着……

↓“豹”2坦克射击瞬间

**龙文小百科　主战坦克**

主战坦克是二战后各国军事思想、科学技术和工业发展等诸多因素影响的产物。在总体布置上多数保持了传统的结构形式，即带旋转炮塔的战斗舱居中，前面是驾驶舱，动力传动舱在车体后部。战斗全重36～54吨，火炮口径105～120毫米，发动机功率427～610千瓦，最大速度48～65千米／时，最大行程300～600千米。

主要技术特征是：普遍采用了脱壳穿甲弹、空心装药破甲弹和碎甲弹，火炮双向稳定、光学测距仪、红外夜视夜瞄仪器，大功率柴油机或多种燃料发动机，扭杆式独立悬挂装置，改善了防弹外形，降低了车高，采用了三防装置。由于其具有现代技术特征，在战斗中担负主要作战任务，因此便成为了现代装甲兵的基本装备和地面作战的主要突击力量。

主战坦克的出现，有着深刻的时代背景。一方面，坦克技术的发展，使中型坦克的性能大为提高，再发展更重的重型坦克已毫无意义；另一方面，在核战争条件下，机动性差的重型坦克很难满足瞬息万变的战场的作战需要。重型坦克退出战争舞台，是历史的必然，而主战坦克则是中型坦克的继承和发展。

# 美国M24“霞飞”轻型坦克

## ——二战最佳轻型坦克

**美国M24“霞飞”轻型坦克**

[出生地]…………美国/通用汽车公司凯迪拉克分公司

[装备国家]…………美国

[乘员（人）]…………5

[战斗全重（t）]…………18.37

[车长（m）]…………（炮向前）5.49

[车宽（m）]…………2.95

[车高（m）]…………（至指挥塔顶）2.46

[主要武器]…………M6型75毫米火炮

[辅助武器]…………M2型12.7毫米高射机枪、1919型7.62毫米并列机枪

1943年3月，美国通用汽车公司凯迪拉克分公司开始研制M24轻型坦克。当年10月，研制出样车——T24坦克。1944年4月，T24坦克样车定型，称为M24轻型坦克，并以美国陆军阿德纳·R·霞飞将军的名字命名，通称为“霞飞”（Chaffee）坦克。

M24“霞飞”坦克为传统的炮塔式坦克，它的火力和装甲防护是第二次世界大战中轻型坦克中最强大的，机动性也可以和二战中的同类坦克媲美。它安装1门M6型75毫米火炮，发射被帽穿甲弹和榴弹。车体和炮塔为均质钢装甲焊接结构。

M24坦克主要具有如下特点：

一、装甲薄弱。M24坦克的车体和炮塔均采用钢板焊接结构，最厚装甲仅38毫米，无法承受现役轻型反坦克弹药的直接命中。有许多M24坦克在朝鲜战场被摧毁。

二、机动性较好，但并不突出。M24车体轻，但发动机性能一般。

三、有一定的反装甲作战能力。其主炮对轻型装甲目标、舟艇等威力较强。

↑真实的“霞飞”坦克与宣传画中的哪个更威武？

↑“霞飞”坦克宣传海报

↑*M24“霞飞”轻型坦克引擎*

四、能空投作战。M24 整体结构适于空投，也是战后美军设计的第一种能空投的轻型侦察坦克。

为了适应现代战争，有很多装备 M24 坦克的国家对其做了重大的改进。改进项目主要有：换装法国的 D-925 型 90 毫米低膛压火炮，安装激光测距仪，取消车体前机枪及前机枪手，用 12.7 毫米机枪代替原来的 7.62 毫米并列机枪；换装“底特律”6V53T 型涡轮增压柴油机，发动机功率 191 千瓦；换装“阿里逊”MT650 型液力机械传动装置。通过改进，其火力和机动性都有明显提高。

M24 轻型坦克从 1944 年开始装备美国陆军，编入美军驻欧洲的先头部队，曾参加过莱茵河战役。第二次世界大战后，除美军外，奥地利、法国、希腊、伊朗、伊拉克、日本、菲律宾、沙特阿拉伯、西班牙和巴基斯坦等国的军队也都使用了 M24 轻型坦克。该坦克参加了朝鲜战争、印度支那战争和印巴冲突等。美军中的 M24 轻型坦克已于 20 世纪 50 年代由 M41 轻型坦克代替，而有些国家的 M24 轻型坦克仍在使用。

**龙文小百科　霞飞将军**

霞飞（Adna Romanza Chaffee, Jr, 1884—1941），1914 年在第 7 骑兵团服役。1915—1916 年在西点军校战略部任教，后调往参谋部。1917—1918 年先后任第 81 师师长副官、代理参谋长。1918 年在法国参谋学院学习、任教，先后任第 4 集团军第 81 师、第 7 集团军、第 3 集团军作战指挥部助理指挥官。1919 年回国任第 4 集团军参谋部情报官。1921 年任第 1 骑兵师作战指挥部指挥官。1924—1925 年在陆军军事学院学习。毕业后在第 3 骑兵团服役。1927 年在陆军参谋部作战指挥与训练处任职。1931 年任第 1 机械化骑兵团执行官。1934 年回参谋部任预算与立法计划处主任。1938 年任第 1 机械化骑兵团团长。同年晋升为准将，指挥第 1 骑兵旅。1940 年为美国装甲兵部队第一任总司令，并晋升为陆军少将。

↑*霞飞将军*

↑*M24“霞飞”轻型坦克静态展示*

# 美国M41轻型坦克——冷战铁战士

## 美国M41轻型坦克

[出生地]…………美国/通用汽车公司凯迪拉克分公司
[装备时间]…………1951
[战斗全重（t）]…………23.5
[车长（m）]…………（炮向前）8.2/（车体长）5.82
[车宽（m）]…………3.2
[车高（m）]…………（至指挥塔顶）2.73/（至机枪）3.10
[车底距地高（mm）]…………450
[主要武器]…………M32式76毫米火炮
[辅助武器]…………M1919A4E1式7.62毫米并列机枪、M2HB式高射机枪

M41轻型坦克，别称“小斗犬”，1951年又改称“瓦克·斗犬”，以纪念在朝鲜阵亡的瓦克将军。1951年列入美国陆军装备，直到1969年才逐渐为“谢里登”M551轻型坦克所取代。除美国以外，装备这种轻型坦克的国家和地区还有阿根廷、巴西、智利、丹麦、埃塞俄比亚、希腊、日本、菲律宾、葡萄牙、西班牙、泰国、突尼斯、土耳其、苏丹、乌拉圭、越南和中国台湾地区。

M41轻型坦克共有M41、M41A1、M41A2和M41A3四种车型。M41系常规炮塔式坦克，车体由前至后为驾驶部分、战斗部分和动力传动部分。有乘员4人，他们是车长、炮长、驾驶员和装填手。

驾驶员位于车体内前部左侧，配有1扇向右开启的整体结构驾驶员门。

驾驶员门前部有3具M17型潜望镜，而左侧只有1具。驾驶椅下方有车底安全门。其他3名乘员位于炮塔下方、车体内中央的战斗室内，炮长和车长一前一后位于主炮右侧，装填手位于左侧。

↑*M41坦克炮塔制造结合了焊接与铸造技术，防护性能十分突出。*

指挥塔上有1扇向前开启的整体结构车长门、5具观察镜和1具可旋转360度的M20A1型指挥潜望镜。炮长有1具M97A1型主炮瞄准镜和1具M20A1型潜望镜。装填手有1扇向前开启的整体结构装填手门，并配有1具M13型潜望镜。

炮塔驱动机构，M41为电动式，M41A1及以后的车型改用液力式，炮塔最大回转速度为360度/10秒。炮塔方向回转由炮长控制，M41A1及以后的车型上，车长

**其他重要技术数据：**

单位功率（kw/t）→15.87
单位压力（Mpa）→0.07
最大公路速度（km/h）→72
最大行程（km）→161
携油量（L）→530
最大爬坡度（%）→31
过垂直墙高（m）→0.711
越壕宽（m）→1.828

也能超越炮长控制炮塔回转。火炮高低机是机械式。配有 M97A1 型望远式瞄准镜，其放大倍率为 8 倍，视场角 7 度 24 分。

车体为均质钢装甲全焊接结构，装甲厚度 9.25~31.75 毫米，首上装甲倾角达 30 度。炮塔为均质钢装甲铸造－焊接结构，装甲厚度 12.7~38 毫米。驾驶员座椅下方有车底安全门。

车体后部的动力传动部分用防火隔板与战斗部分隔开。动力传动部分前部安装的是发动机，后部是传动装置。

M41 坦克通常被安设在城市和基地附近保卫政府和军队的官员，以应付可能发生的叛乱。很多装甲部队军官的提拔是以他们的政治立场为基本要素而非实际作战能力，这极大地影响了他们有效指挥和使用坦克部队。

20 世纪 60 年代初，驻扎在泰国的美军组织了大量的演习、实兵对抗演练和模拟部署训练，不过这些只是美军在东南亚的部分军事行动。

M41 轻型坦克连普通美国人都难得一见。

和平时期，除了美军常常在海外的军事行动中大量使用装甲部队外，普通美国人唯一亲眼见到使用 M41 坦克的行动是在 20 世纪 60 年代发生的波及美国很多重要城市的大规模骚乱中。在当时那种严重骚乱的状况下，M41 坦克被用作控制人群或是作为掩护部队向狙击手控制区域机动的工具。但是在这些对抗中，还没有明确的记录证明 M41 坦克曾动用过主炮。

20 世纪 70 年代，美军编制内的所有 M41 坦克都被 M551“谢里登”坦克所取代，被替换下来的 M41 坦克不是报废就是被当作射击目标靶，或者是提供给与美国有军事合作关系的国家。据统计，从 20 世纪 50 年代末起，M41 坦克总产量的一半都提供给了众多的美国盟友，超过 24 个国家和地区通过直接或间接的军事援助计划获得了 M41 坦克。

# 美国 M48 系列主战坦克——主流坦克

## 美国 M48 系列主战坦克

[出生地]…………美国 / 克莱斯勒公司、福特公司、美国机车公司、通用汽车公司等
[装备国家（地区）]…………美国、德国、希腊、土耳其、中国台湾等
[乘员（人）]…………4
[战斗全重（t）]…………49
[车长（m）]…………（炮向前）9.31 /（车体长）6.42
[车宽（m）]…………3.63
[车高（m）]…………3.09
[主要武器]…………M68 式 105 毫米线膛坦克炮、M41 式 90 毫米线膛坦克炮

M48 中型坦克，又称“巴顿”Ⅲ型，于 1953 年正式列入美国陆军装备，它是 20 世纪 50 年代美国陆军装甲师和机械化步兵师属坦克营的制式装备。M48 系列坦克生产车型包括 M48、M48C、M48A1、M48A2、M48A2C 等，其最后一种改进型 M48A5 于 1975 年列入装备。目前，M48 系列中型坦克已退出美军现役。

M48 中型坦克是在 1950 年 10 月开始研制的。1952 年，在试验工作尚未全部结束以前，为了朝鲜战争的急需便仓促定型投产。是年 7 月 1 日，克莱斯勒公司特拉华坦克厂试生产的首辆坦克驶离生产线，并在交接仪式上以美国陆军已故上将巴顿的名字命名，故又称“巴顿”坦克。又因习惯上称 M46 中型坦克为“巴顿”Ⅰ型，M47 中型坦克为“巴顿”Ⅱ型，因此通常又称 M48 中型坦克为“巴顿”Ⅲ型。

↑美国 M48 主战坦克

M48 系列中型坦克系常规炮塔式坦克，车内布置由前至后为操纵部分、战斗部分和动力传动部分。乘员 4 人，他们是车长、炮长、驾驶员和装填手，较之 M47 中型坦克减少了 1 名航向机枪手。

↓M48 系列主战坦克目前已退出美军现役。

M48 系列中型坦克除 M48A4（样车）和 M48A5 采用 M60 主战坦克的 M68 式 105 毫米线膛坦克炮以外，其他车型均采用 M41 式 90 毫米线膛坦克炮。高低射界为 -9~+20 度，方向射界 360 度。射速 8~9 发 / 分。M48 系列中型坦克的辅助武器通常有 1 挺 7.62 毫米并列机枪和 1 挺

↑美国主流坦克——M48 主战坦克

12.7 毫米高射机枪。M48A3 及其以后的车型采用 M73 式并列机枪，以前的车型则采用 M1919A4E1 式并列机枪。高射机枪为 M2 式，但有部分 M48A5 有两挺 M60D 式 7.62 毫米高射机枪，分别安装在指挥塔和装填手门上。

M48 系列中型坦克各车型的外形尺寸不尽相同。车体为均质装甲钢浇铸结构，车体前部呈船首状。车体装甲厚度为 12.7~120 毫米。炮塔亦为均质装甲钢整体浇铸结构，装甲厚度为 25 ~110 毫米。

↑行进在沙漠中的 M48 主战坦克

M48 系列坦克配备有毒气过滤设备。动力舱内配有 3 个 4.5 千克的二氧化碳灭火器，战斗室内配有两个 2.25 千克的二氧化碳灭火器。

M48 系列中型坦克车内配有取暖器。车首可挂装推土铲。安装涉渡设备时，可涉渡 2.4 米深的水障碍；而当安装潜渡设备时，潜水深可达 4.1 米。

M48 系列中型坦克的火控系统，主要包括主炮和炮塔的电液式驱动机构（另备有手动高低机和方向机）、机电式弹道计算机和光学测距仪等部件。炮塔方向回转速率为 360 度 /15 秒。

# 美国 M60 系列主战坦克——巴顿之魂

## 美国 M60 系列主战坦克

[出生地]…………美国
[装备国家（地区）]…………美国、奥地利、巴林、埃及、希腊、伊朗、以色列、意大利、约旦、阿曼、沙特阿拉伯等
[乘员（人）]…………4
[战斗全重（t）]…………48.1～52
[车长（m）]…………（炮向前）9.44/（炮向后）8.25/（车体长）6.95
[车宽（m）]…………（不带裙板）3.63
[车高（m）]…………（至炮塔顶）2.99
[车底距地高（mm）]…………410～463

M60 主战坦克是美国陆军 20 世纪 60 年代以来的主要制式装备，它是在 M48 “巴顿” Ⅲ 型中型坦克的基础上发展而成的，研制代号为 XM60。1959 年定型后由克莱斯勒公司承包经营的底特律陆军坦克厂生产。1960 年正式列入美国陆军装备。美军装备的 M60 系列主战坦克已于 1997 年全部退出现役。

美国陆军的地面装甲车辆一直有以著名将领命名的习惯，而在众多将领中，唯有巴顿独享 M46、M47、M48 和 M60 四型坦克的命名之誉。作为一名从青年时代就与坦克结下不解之缘的四星将军，以他的名字命名四型坦克，也足见巴顿在美国陆军中的至高地位。而这四型坦克中，最能体现“巴顿之魂”、名气和影响最大的，无疑是 M60。从 1960 年开始，M60 以其独有的魁梧和好斗，一度充当了抵御东方钢铁洪流的排头兵，至今依旧是多个国家陆军的中坚力量。

M60 主战坦克

美国陆军装备的 M60 主战坦克

M60 主战坦克装备了新型的 105 毫米火炮

M60 系列坦克包括 M60、M60A1、M60A2 和 M60A3 四种车型。该系列坦克是传统的炮塔型主战坦克，M60A1 车体用铸造部件和锻造车底板焊接而成，动力舱和战斗舱用防火隔板分开。整体式铸造炮塔位于车体中央。此外，坦克乘员舱内还装有加温器。潜渡时，要在车长指挥塔上架设 2.4 米高的潜渡通气筒。在坦克车体前部可以安装 M9 推土铲，用于准备发射阵地或清理障碍。

M60、M60A1 和 M60A3 三种车型坦克的主要武器均是 1 门 105 毫米 M68 式线膛炮，训练有素的乘员能在 1 分钟内发射 6～8 发炮弹。火炮可发射 M728 和 M392A2 脱壳穿甲弹，M735、M774 和 M833 尾翼稳定脱壳穿甲弹，M494 杀伤榴弹，M456 系列破甲弹，M393 碎甲弹，多种教练弹和 M416 黄磷发烟弹等。

M60A1 坦克火控系统比 M60 坦克火控系统有很大改进，火控及观瞄系统主要由下列部件组成：凯迪拉克·盖奇公司生产的电液式火炮/炮塔驱动机构（1972 年后增装了双向稳定器）、弹道计算机、炮长瞄准镜、车长瞄准镜及测距仪等。

M60 坦克弹道计算机为 M13A1D 型机械式计算机，M60A1 为 M16 型机电模拟式计算机，M60A3 和 M60A3TTS 为 M21 型固态电子模拟数字混合式计算机。1974 年又增加了乘员被动式夜视装置，从而具有夜间作战能力，并称为被动式 M60A1 坦克。

↓士兵为 M60 主战坦克进行伪装

野外训练的 M60 主战坦克

**龙文小百科　巴顿**

巴顿（1885—1945），美国陆军上将。加利福尼亚州圣加夫列尔人。他是人们公认的最能打胜仗的将军，他军事生涯的顶峰是靠他不断努力取得的。毕业于陆军参谋学院，早期在骑兵部队服役。1916 年参加美国对墨西哥的武装干涉。1917 年，在驻法美国远征军中从事美军第一支坦克部队的组建工作，并参加圣米耶勒和马斯－阿贡讷战役。战后仍返回骑兵部队任职，同时从事坦克作战的研究工作。1940—1942 年参加北非作战，先后担任坦克旅长、师长和军长。1943 年 7 月升任第 7 集团军司令，参加西西里岛登陆战役。1944 年 6 月，盟军在诺曼底登陆后，率第 3 集团军转战法国、德国，进至捷克斯洛伐克和奥地利边境。德国投降后，任第 15 集团军司令兼巴伐利亚军事行政长官。重视坦克作用，强调快速进攻。1945 年 12 月死于车祸。

→巴顿将军

# 美国 M1“艾布拉姆斯”坦克
## ——世界最强坦克

←二战时期著名的坦克部队指挥官——艾布拉姆斯将军

M1“艾布拉姆斯”坦克是美国从 1971 年开始研制的。为纪念二战时美国著名的坦克部队指挥官克莱顿·W·艾布拉姆斯将军，美国将新研制的这种坦克取名为“艾布拉姆斯”，现有 M1、M1A1、M1A2 和 M1A2SEP 四种型号。

↓美制“艾布拉姆斯”M1A2 型主战坦克

国际武器评估小组曾经对各国现役主战坦克进行排名，通过对坦克机动性能、火控系统和防护水平等方面的综合评估，美国通用动力公司研制的 M1A2 SEP“艾布拉姆斯”获得世界最强坦克的称号。评估小组的成员认为，美军 M1A2 坦克在伊拉克战争期间的表现充分体现了其优异的作战性能。

20 世纪 80 年代初期服役的 M1“艾布拉姆斯”坦克是美国 20 世纪 50 年代末以来最成功的坦克。在 M1 坦克的研制过程中，美陆军始终以提高乘员生存能力为第一重点，为此采取了多项措施，例如加强装甲防护、改进火控系统和提高机动性等。其中最引人注目的是安装了能防动能弹和化学能弹的特殊装甲，以对付来自不同角度的直射火力。M1A2 坦克是以 M1 坦克为基型，经过多次改进而成的。

↑M1A1 坦克装备了大部分美国野战装甲部队和装甲骑兵部队，由于在海湾战争中表现出色，该型坦克被誉为“沙漠雄狮”，曾被美军列为陆军的“五大金刚”之首。北约在波黑维和行动中使用的就是这种坦克。

M1A1 坦克是对 M1 坦克进行第一次重大改进后的车型。该型坦克安装了火力更强的 M256 式 120 毫米滑膛炮，并再次改进了装甲组件，增加了一套超压式核、生、化防护系统，采用了更为耐用的履带。M1A1 坦克的生产数量大大超过 M1 系列中其他任何坦克。

M1A1 坦克具有四大特色：一、破甲厚度大：可击穿两千米距离的 650 毫米装甲，海湾战争中，一辆距伊军坦克数千米的该型坦克发射炮弹，炮弹穿过 1.5 米厚的沙墙，从伊军坦克的前甲板射入，又从发动机室穿出；二、命中率高：这种坦克以 48 千米 / 时速度运动时，可首发命中 2 ~ 3.65 千米距离上的目标；三、“看”得远：它可透过烟幕、大火等伪装探测到 2.6 千米以外的目标，可识别 1.5 千米内的目标；四、可靠性高：海湾战争中，该型坦克两天内完成了 300 千米的行军而没有出现故障。

M1A2 坦克是对 M1 坦克进行第二次重大改进后的车型，是“艾布拉姆斯”型坦克系列中最新的一种。改进计划始于 1988 年 12 月，1992 年交付第一辆样车，1993 年对它进行了初始作战试验，1995 年第一批 M1A2 坦克装备部队。

该坦克在技术方面有了质的变化。美陆军在其车载电子系统的数字化方面投入了大量的资金，以提高坦克的可靠性、战斗力和操作性能，如通过采用集成电路提高可靠性；通过采用先进的作战管理系统和火控系统以及增强可生存性、可维护性和可支援性来提高其操作性和战斗力。

↑艾布拉姆斯将军与“艾布拉姆斯”主战坦克

M1A2 主战坦克堪称有史以来最优秀的坦克。

M1A2 的攻击能力特别强，在两千米距离上发射贫铀穿甲弹能击穿 700 毫米厚的装甲；它发射的炮弹射得特别远，最大有效射程可达 10 千米。美国正不断改进该型坦克的各主要系统，使之向智能化的方向发展。21 世纪里，该型坦克可能还要装上 140 毫米的大口径滑膛炮和自动装弹机，乘员减为 3 人。这将使该型坦克能继续保持世界上最出色坦克的地位。

M1A2 坦克的系统改进计划（SEP）是在 1994 年 4 月复审 M1A2 的第三阶段改进方案时制订的，其目的是使美陆军改进其战术原则，并且使其主战坦克更加现代化，以迎接不久将要到来的数字化战争。

↑M1 型“艾布拉姆斯”坦克彩色高清晰分解构造图

↑M1A2“艾布拉姆斯”重型主战坦克

# 俄罗斯 PT-76 水陆坦克

## ——世界上生产数量最多的水陆坦克

### 俄罗斯 PT-76 水陆坦克

[出生地]…………俄罗斯
[乘员（人）]…………3
[车长（m）]…………（炮向前）7.63/（车体长）6.91
[车宽（m）]…………（不带裙板）3.14
[车高（m）]…………（至炮塔顶）2.23
[最大行程（km）]…………250
[最大公路速度（km/h）]…………44
[水上速度（km/h）]…………10

PT-76 水陆坦克于 20 世纪 50 年代初装备苏军，至今仍在部队服役，编在坦克师、摩步师的侦察连、营中。在俄罗斯海军陆战队的水陆坦克排里也装备有这种坦克。该坦克的主要任务是侦察，并具有多种用途，用于海滩登陆时的支援火炮和渡河第一梯队的攻击力量。

PT-76 水陆坦克和后来的改进型 PT-76B 水陆坦克是 20 世纪 70 年代苏联海军陆战队使用最广泛的坦克，该型坦克具有“水上蛟龙”之称，曾是苏联海军和陆军中最受欢迎的普及型装备。

第二次世界大战后至今的 60 多年间，研制水陆坦克的国家只有苏联和中国。苏联 20 世纪 50 年代初研制成功的 PT-76 水陆坦克堪称是水陆坦克的“经典”，是世界上生产数量最多的水陆坦克，总产量为 7000 多辆。

PT-76 水陆坦克战斗全重 14 吨，乘员由车长（兼炮长）、驾驶员和装填手组成。与轻型坦克相比，PT-76 水陆坦克的主要特征是车体相对庞大，装甲较薄，这是为了保持良好的水上性能所必须具备的。

早期的 PT-76 水陆坦克的主要武器为 1 门 D-56T 型 76.2 毫米坦克炮。弹药基数 40 发，其中榴弹 24 发、破甲弹 8 发、曳光穿甲弹 4 发、曳光脱壳穿甲弹 4 发。火炮射程为 4000 米，间接射程为 12000 米。车长（兼炮长）位于指挥塔内，配有 TSHK-66 光学瞄准镜和 TPKU 潜望观察镜。

**龙文小百科 水陆坦克**

水陆坦克不仅能在陆地上行驶、作战，还可在水上行驶、作战，主要用于强渡江河、泥沼地和近海登陆作战。因为水陆坦克的车体比普通坦克要大，呈船形，所以能在水中浮动。有的利用特别履带划水前进；有的用螺旋桨推进；有的用喷水式推进器喷水前进。每小时可超过 10 千米，能抗三四级风浪，被称为“水上蛟龙”。现代坦克都具有潜渡性能，一般只需 15~30 分钟的改装，就可以通过水深 4~6 米、流速 1.5 米 / 秒的水障碍。

↑俄罗斯 PT–76 水陆坦克静态展示

←PT—76B 水陆坦克纪念邮票

PT–76 水陆坦克的最大特点是浮渡能力，水上最大航速为 10.2 千米 / 时。该车是世界上最先采用喷水推进器的坦克之一。为了确保坦克的浮渡能力，车重受到严格控制，车体正面首上装甲厚度为 10 毫米，倾斜角为 80.5 度，首下装甲厚度为 13 毫米，倾斜角为 45 度，车体侧面为垂直面，上部装甲厚度为 13 毫米，下部装甲厚度为 10 毫米。车体后部装甲厚度为 6 毫米，车体后部两侧有两个喷水推进器。车体底部由两块 5 毫米厚的装甲板构成。炮塔装甲厚度为 11 ~ 17 毫米。

PT–76 水陆坦克曾广泛用于各种作战行动，例如阿富汗战争、中东战争、1965 年的印巴军事冲突，特别是在 1965—1975 年间的越南战争中广泛使用，成为第二次世界大战后参加过实战次数最多的水陆坦克。尽管时代不断发展，但这种坦克至今仍在俄罗斯军队中服役。

# 俄罗斯 T-72 主战坦克——地面猛虎

**俄罗斯 T-72 主战坦克**

[出生地]…………俄罗斯 / 下塔吉尔乌拉尔坦克厂
[装备国家]…………俄罗斯、叙利亚、伊拉克、南非、捷克、利比亚和印度等
[装备时间]…………1973—1974
[乘员（人）]…………3
[战斗全重（t）]…………41
[车长（m）]…………（炮向前）9.53/（炮向后）9.32/（车体长）6.67
[车宽（m）]…………（带裙板）3.46/（不带裙板）3.37
[车高（m）]…………（至炮塔顶）2.19

T-72 坦克是继 T-62 坦克之后研制成功的一种新型坦克，一般认为，T-72 坦克是 T-64 坦克的简化型。T-72 主战坦克充分体现了苏联坦克制造业的优良传统，具有强大的火力和良好的可靠性。为了充分发挥其潜在战斗能力，T-72 主战坦克得到不断改进，并出现了多种变型车，成为第二次世界大战后生产数量和装备国家最多、改进型最多的主战坦克，其效益最佳，在世界坦克发展史上占有举足轻重的地位。

T-72 坦克曾经是苏联红色重工业生产机器中最恐怖的产物之一，也是无数西方坦克兵们的噩梦。当时西方媒体和专家曾经普遍认为，西方没有任何一种型号坦克的主炮可以击穿 T-72 的正面装甲，也没有任何一种型号坦克的装甲可以防御住 T-72 的 125 毫米主炮的攻击。

对于这种高性能、数量又高达两万辆的坦克，西方社会在长达近 20 年的时间里惶恐不已。他们恐惧的对象就是无数 T-72 坦克构成的装甲洪流。

↓T-72 主战坦克俯拍

T-72 坦克的结构与 T-64 坦克相似，也为三人坦克，他们是车长、驾驶员和炮长。T-72 坦克的外形紧凑低矮，炮塔顶距地高度仅为 2.19 米，是现今有炮塔坦克中最低者。该坦克的车体由轧制钢装甲板焊接而成，驾驶舱在车体前部中央位置，车体前上装甲板上有 V 型防浪板。车体首上装甲板采用复合装甲，共三层。由于设计为大倾角构形，因此对于破甲弹具有相当于 500~600 毫米厚均制钢装甲的防护水平。

←这幅画用独特的视角展示了一枚攻顶式反坦克导弹避开 T-72 的反应式装甲向坦克装甲厚度最薄弱的顶部发起攻击的场面。

出口型 T-72M1 坦克

T-72 主战坦克火炮特写

炮塔系铸造结构，呈半椭圆形，炮塔最大装甲为 280 毫米。早期 T-72 坦克车体前侧部翼子板外缘各装有 4 块张开式屏蔽板，后期的 T-72 坦克装有整体式侧初板，都具有防破甲弹的屏蔽作用。

T-72 坦克也能安装类似于 T-80 和 T-64 坦克一样的反应式爆炸装甲，坦克三防装置为集体防护式。T-72 坦克上还装有自动灭火装置。

T-72 坦克的主要武器是 1 门 Д-81 T M 型 125 毫米滑膛炮，身管长是 48 倍口径，中部有炮膛抽气装置。采用分装式弹药、半可燃药筒，配备弹种与 T-64 和 T-80 相同，正常状态下弹药基数为 39 发，后期可配备 6 发 9K119 炮射导弹。由于配备自动装弹机，理论射速达到 8 发 / 分。

辅助武器包括 1 挺安装在主炮右侧的 П K T 型 7.62 毫米并列机枪和 1 挺安装在车长指挥塔上的 H C B T 型 12.7 毫米高射机枪。早期 T-72 坦克装有热烟幕施放装置，后期型还装有烟幕弹发射器，发射器数量随车型不同而变化。

火控系统由机电模拟式弹道计算装置的 TPD 2-49 型炮长单目 - 体视两用光学测距瞄准镜、TPN-49-23 型炮长主动红外夜视瞄准镜、TKN-3 型车长昼 /夜两用双目指挥潜望镜以及火炮和炮塔双向稳定驱动装置组成。

俄罗斯陆军装备的T-72系列主战坦克现在共有8种型号，即T-72出口型（1975年）、T-72A、T-72M、T-72M1出口型、T-72Б和T-72Б1、T-72C出口型、T-72Б改进型（西方国家称其为T-72БM）。最新型T-72C坦克是从1991年起大规模生产并装备部队的。该坦克市场售价为120万美元。目前，俄军正在用T-72Б改进型和在T-72Б改进型基础上制成的T-90坦克更换过时的T-54/T-55和T-64及T-72的第一批改进型。

↑俄罗斯的地面猛虎——T-72主战坦克

据估计，T-72坦克从20世纪70年代初装备苏军开始到2020年，起码服役半个世纪，在未来的二三十年中，这些性能升级的T-72坦克如果没有大规模战争的消耗，估计仍可服役20年甚至30年。近年来，许多国家都计划改进T-72，并提出了多种升级方案。这些方案囊括了发动机、传动装置、火控系统、通信系统、武器和弹药以及装甲防护系统等各方面，其中有些方案已在某些国家实现。

↓T-72坦克安装有坦克潜渡设备，可沿河底通过深5米、宽100米的水障碍。

# 俄罗斯 T-80 主战坦克——俄陆军杀手锏

## 俄罗斯 T-80 主战坦克

[出生地]…………俄罗斯 / 列宁格勒基洛夫工厂
[装备时间]…………1980
[乘员（人）]………… 3
[战斗全重（t）]………… 46+3%
[车长（m）]…………（炮向前）9.65/（炮向后）9.72/（车体长）7.01
[车宽（m）]…………3.38
[车高（m）]…………（至炮塔顶）2.20 /（至高射机枪）2.68
[主要武器]…………2A46M-1 型 125 毫米滑膛炮
[辅助武器]…………7.62 毫米机枪、12.7 毫米高射机枪

T-80 主战坦克（项目代号 219 c п 2 工程）是根据苏共中央和苏联部长会议的决定，从 1968 年 4 月 16 日开始由苏联列宁格勒基洛夫工厂研制的。

T-80 主战坦克是世界上最早以燃气轮机作为主发动机的坦克，与世界上同时代的主战坦克相比，T-80 主战坦克是最矮的，降低了中弹概率。同时采用多种新材料和防护措施，其中有新式镶嵌反应装甲、被动式装甲板和模块附加装甲，既能抗硬打击，还能防核效应和电磁脉冲。

↑俄罗斯先进的 T-80 主战坦克

↓T-80UD 主战坦克本身就有一种吸引你的魅力。

T-80 坦克是世界上优秀的主战坦克之一，1980 年初开始大批量装备部队。经过多年的发展，现在 T-80 有着许多改进型，如：B、BV、U、UD、UM、UM1 等。至 2004 年，俄军现役各型 T-80 坦克约有 3000 辆，其中 BV 型和 U 型最多。

T-80BV 实际上是配备有第一代反应装甲的 T-80B 型的改进型，该坦克 1984 年始被西方发现，但事实上其早在 1982 年便大批量加入现役。与 T-80B 型相比，T-80BV 主要是在炮塔与车体前部加装了多达 220 块爆炸式反应装甲，从而使其防护力大为提高。车内的武器系统、电子设备也得以更新。现役 T-80BV 上的第一代反应装甲已被更好的“接触-5”型爆炸反应装甲所代替。T-80BV 早在 1985 年便已停产。在 1995 年第一次车臣战争中，损失基本上都是该型坦克（因该部队位置离车臣较近），当然事后调查已证明并不是坦克本身有什么问题，而是俄军战术和乘员有太多的问题。

T-80U 型主战坦克是苏联在 1985 年年底开始装备部队的经重大改进的型号，也是 T-80 系列中产量最多的一种，西方估计俄现装备超过 3000 辆。苏联当年研制它的目的是为了在质量上领先西方当时即将服役或刚服役的新一代主战坦克，如美国的 M1 型、德国的“豹”2 改进型等。

T-80U 型坦克全重 46 吨，装备了当时苏军最好的坦克武器系统与火控装置，安装有新一代的复合主装甲和附加反应装甲以及更好的燃气涡轮发动机。其主要武器是 1 门全新的 2A46M-1 型 125 毫米两用滑膛炮，此炮除能发射常规炮弹外，还可在行进间发射先进的“狙击手”炮射导弹，坦克共备各型常规炮弹 45 发，炮射导弹 6 枚。辅助武器是 1 挺 7.62 毫米并列机枪、1 挺 12.7 毫米高射机枪，两型武器分别备弹 2250 发和 300 发。发动机是 1 台 919 千瓦的 GDT-1250 型燃气轮机。最大越野速度 50 千米 / 时，最大行程 350 千米。

目前，T-80U 已不再生产装备俄军，现在仍在生产的少量 T-80U 主要是为了满足出口需要。T-80UM 则是在 T-80U 基础上，进行大规模电子设备改良的一型主战坦克。该型坦克在外形上和主要性能上皆与 T-80U 相同，主要差别在于其使用了性能更先进的电子设备。如 T-80UM 火控系统为 Agava-M1 型，在各项功能上可与美国 M1A1 上的火控系统相媲美。至 2004 年，俄军装备有 400 多辆 T-80UM 型坦克，并准备近期将现役大部分 T-80U 型坦克分批升级成 T-80UM 型。

**其他重要技术数据：**

单位功率（kw/t）→20.00
单位压力（MPa）→0.088
平均运动速度（km/h）→土路 40～45
公路 60～65
最大公路速度（km/h）→70
储油量（L）→2370
最大爬坡度（%）→32
过垂直墙高（m）→1.00
越壕宽（m）→2.85

*T-80 主战坦克 125 毫米炮的最大仰角*

# 俄罗斯 T-90 主战坦克——现役最先进坦克

## 俄罗斯 T-90 主战坦克

[出生地]…………俄罗斯 / 乌拉尔机车制造厂
[装备国家]…………俄罗斯、印度
[装备时间]…………1995
[车长（m）]…………（炮向前）9.53/（炮向后）9.67/（车体长）6.92
[车宽（m）]…………（带裙板）3.78/（至履带）3.37
[车高（m）]…………（至炮塔顶）2.23/（至高射机枪）2.87
[主要武器]…………2A46M 型 125 毫米滑膛炮
[辅助武器]…………7.62 毫米机枪、12.7 毫米高射机枪

T-90 主战坦克于 1993 年夏季在俄罗斯莫斯科附近的库宾卡城举行的武器装备展览会上首次公开亮相。T-90C 主战坦克是 T-90 主战坦克的出口型，总设计师 B·И·波特金。

T-90 主战坦克的研制工作开始于 1990 年，而 T-90 主战坦克的首次露面则是在 1993 年年初的西方报刊中，当时大多数观察家认为 T-90 主战坦克是 T-72 主战坦克的翻版。然而，当首辆 T-90 主战坦克交付俄罗斯陆军服役时，显而易见地表明，T-90 主战坦克是一种新研制的坦克。无论如何，这种坦克大大地填补和缩短了俄罗斯坦克和西方坦克之间的技术差距。

T-90 主战坦克是俄罗斯陆军最先进的陆战装备装甲。

T-90 主战坦克在研制初期只是 T-72 的一种改进型，但由于应用了 T-80 的先进技术，并且性能提高相当大，因而重新命名为 T-90。它主要采用了 T-72BM 坦克的装甲防护系统和 T-80 坦克先进的火控系统，战斗全重 50 吨，乘员 3 人，发动机功率 840 千瓦，最大公路行驶速度 60 千米 / 时，最大行程 650 千米。

与T-72坦克和T-80坦克相比，T-90坦克的火力和防护系统都有不少改进。火力系统的改进表现在火控系统上。T-90坦克的火控系统为1A45T型，是T-80У坦克上的1A45型的改进型，改进项目包括：弹道计算机、炮长测距/瞄准镜、火炮稳定器等。

**其他重要技术数据：**

单位功率（kw/t）→15.81
单位压力（MPa）→0.085/0.092
最大公路速度（km/h）→60
最大土路行程（km）→345～520
最大公路行程（km）→550
储油量（L）→1600
最大爬坡度（%）→30
过垂直墙高（m）→0.85

T-90主战坦克在野外训练过程中发射防御用的烟雾弹

T-90主战坦克的火炮为125毫米滑膛炮

T-90主战坦克潜渡训练

T-90坦克的火炮和T-80У的型号相同，为1门125毫米滑膛炮，但弹药做了改进，采用新型破甲弹和杀伤爆破弹，提高了对付反应装甲的破甲能力。另外，T-90配有4枚9M119型激光制导反坦克导弹，由125毫米滑膛炮发射，可用车内的自动装填机装填，最大有效射程5000米，最大穿甲厚度约750毫米，可使该坦克在敌坦克、车载反坦克制导武器和攻击直升机攻击之前将其消灭。

防护系统的改进主要是两个方面：一是炮塔的改进，二是加装了“施托拉”-1型光电干扰系统。T-90坦克的炮塔是T-72BM坦克炮塔的改进型，是俄罗斯坦克炮塔中防护性能最好的一种，其基体是类似于英国“乔巴姆”装甲的复合装甲，加上附加装甲而成。它的装甲由一个交替镶有多层铝板和塑料板的主装甲壳体和一个可控制变形的部分组成。在主装甲外面，还加装了“接触”-5爆炸反应装甲。

T-90坦克从1994年小批量生产装备俄陆军起，就在不断改进和提高。目前，它至少已有两种变型车，即T-90E和T-90C，估计未来几年还会有新的改进型出现。T-90及其改进型坦克很可能成为俄陆军2000—2020年间的主要作战装备。这期间，俄陆军将是T-64、T-72、T-80和T-90坦克并存的时代，但为简化后勤保障，T-90的比重会越来越大。

# 俄罗斯“黑鹰”主战坦克
## ——唯一的一种隐身坦克

### 俄罗斯“黑鹰”主战坦克

[出生地]…………俄罗斯 / 鄂木斯克机器制造厂
[乘员（人）]…………3
[战斗全重（t）]…………48
[车长（m）]…………6.86
[车宽（m）]…………3.59
[车高（m）]…………1.82
[最大公路速度（km/h）]…………70
[越野速度（km/h）]…………40～45
[公路最大行程（km）]…………540
[主要武器]…………2A46M-4 型 125 毫米滑膛炮
[辅助武器]…………7.62 毫米并列机枪、新型 12.7 毫米高射机枪

1997 年 9 月首次公开披露的俄罗斯“黑鹰”主战坦克，一直笼罩在神秘的气氛中。随着“黑鹰”主战坦克在 1999 年 6 月第三届俄鄂木斯克地面武器展览会上再度展出及随后最新资料的不断披露，“黑鹰”主战坦克逐渐露出真面目。

↑“黑鹰”主战坦克炮塔尾舱带有明显的西方风格。

“黑鹰”主战坦克是苏联解体之后，其继承者俄罗斯让世人眼前一亮的陆军主战装备。该车代表俄罗斯坦克设计上的重大变化，它有类似于西方坦克的炮塔样式，即尾舱与战斗室之间用装甲板隔开。

该车的最大特点是采用了西方坦克上惯用的大尾舱炮塔，尾舱顶部装有爆炸气浪排放板，自动装弹机安装在炮塔尾舱内，明显提高了生存能力。车上还采用静液转向机构、卫星导航系统、探测直升机传感器、防雷达涂层、空调系统、数字式保密传输设备和敌我识别系统等先进技术。

“黑鹰”主战坦克因为是从 T-80 家族发展而来，因此在布置形式上仍继承了 T 系列坦克的传统布置形式。全车由前至后仍分成驾驶部分、战斗部分和动力传动部分。乘员 3 人：车长、炮长、驾驶员。车体为全焊接结构，驾驶员位于车体前部中央，其上方有 1 扇向右开的滑动式舱盖，舱盖上装有 3 具潜望观察镜，在需要时，中间的 1 具可换成微光或红外潜望镜。

俄方对外宣称，“黑鹰”坦克采用一种新型的数字型稳像式火控系统，在性能上至少与美国 M1A1 主战坦克使用的火控系统相当，它具备全自动目标跟踪、识别

和排序功能。不要说T系列坦克，就是许多西方新型主战坦克也没有这种能力。此外，“黑鹰”坦克还安装了C3系统，这将为俄装甲部队的作战能力带来革命性的变化。

↑↓“黑鹰”主战坦克由于其炮塔和炮管均被遮蔽，所以曾引起外界诸多猜测。

为改进俄制坦克“怕”夜战的弱点，“黑鹰”坦克的车长与炮长都拥有各自的全景稳定式热像仪。此种热像仪具搜索、发现和指示目标的能力。二氧化碳激光测距仪代替了掺钕钇铝石榴石激光测距仪，测量距离与穿透距离更远。该新型热像仪即使在暗无星光的夜晚，最大有效距离也可达3700米。驾驶员使用的新一代观察装置除了能使成像质量显著提高外，还可在搜索目标和地雷方面发挥作用。

目前，俄罗斯军事装备进出口公司可以按用户的意图方便地换装“黑鹰”主战坦克上的任何武器、电子设备及动力装置，还可按照“黑鹰”主战坦克的标准改装T-64、T-72、T-80主战坦克，改装一辆坦克的费用只有“黑鹰”主战坦克售价的几分之一，这对于拥有众多T系列主战坦克的国家来说，无疑是一个天大的喜讯，当然这对囊中羞涩且极需战力提升的俄军装甲部队来说也极具诱惑力。

↓“黑鹰”主战坦克模拟图。

*俄一些军事杂志报道：“黑鹰”坦克主装甲为俄最先进的复合装甲，在性能上可与美国的贫铀装甲相媲美。装甲材料是在淬硬钢板内交替嵌入贫铀材料、特种塑料层以及受控变形层组成的，防穿甲弹与破甲弹的能力分别相当于900毫米和1400毫米厚的均质钢板。不管真实的情况到底如何，有一点是肯定的，“黑鹰”坦克炮塔前与车首主装甲的厚度要远高于以前任何一种T系列主战坦克。*

# 俄罗斯 T-95 主战坦克

## ——火力全球首屈一指的坦克

### 俄罗斯 T-95 主战坦克

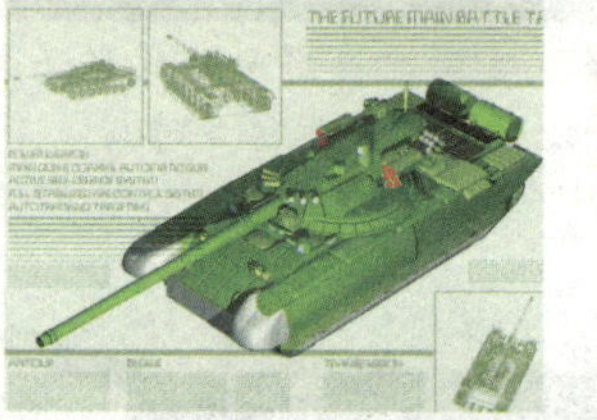

[出生地]…………俄罗斯
[装备国家]…………俄罗斯
[装备时间]…………预计 2010 年
[战斗全重（t）]…………53
[车长（m）]…………（炮向前）11.25
[车宽（m）]…………3.5
[车高（m）]…………2.53

2000 年 9 月，俄罗斯乌拉尔机车制造厂宣称，该厂正在研制一种新坦克，称为 T-95 坦克。这是继“黑鹰”坦克之后又一次新型装备的披露。据俄罗斯媒体报道，俄国防部副部长波波夫金近日公布了多项武器装备终止试验和生产的清单。在此清单中，T-95 新型主战坦克最引人注目。这种研制已长达 15 年的世界最先进坦克将终止试验拨款，俄军未来将集中改进 T-72、T-80 和 T-90 坦克。

被终止试验的还有 BMD-4 伞兵战车、BMTP 坦克支援车、“联盟”-SV 152 毫米双管自行火炮和“章鱼”-SD 自行反坦克炮，这些都是具有世界领先水平的装甲装备。尽管生产企业为研制多种样车花费不少人力和财力，并且取得了很多成果，但俄军装甲装备专家指出，被终止的所有装备都是在苏式平台上研制的，有的已显陈旧，不适合现代战争需要。在现代战争条件下，需要研制完全新型的战斗装备。

T-95 主战坦克的火力和作战效能比 T-80У 主战坦克提高 70%以上，它采用全新的总体设计技术，减小了车体外形尺寸，提高了车辆的隐蔽性，也减轻了车辆的重量，提高了战略战役机动性。装有小型的无人炮塔，自动装弹机和炮塔之间用装甲板隔开，使乘员的生存能力得到提高。俄专家透露，这种坦克不是对原有坦克的现代化改进，而是一种全新的“结构和材料的革命”。

该坦克炮塔采用窄正面造型，全焊接结构，车体左侧是驾驶室，驾驶室内装有驾驶操纵装置、昼夜观察装置、仪表检测、指示报警装置、潜渡方位仪和可调式驾驶椅等。战斗室位于坦克的中部，前面与驾驶室相通，后部与动力室用隔板隔离。

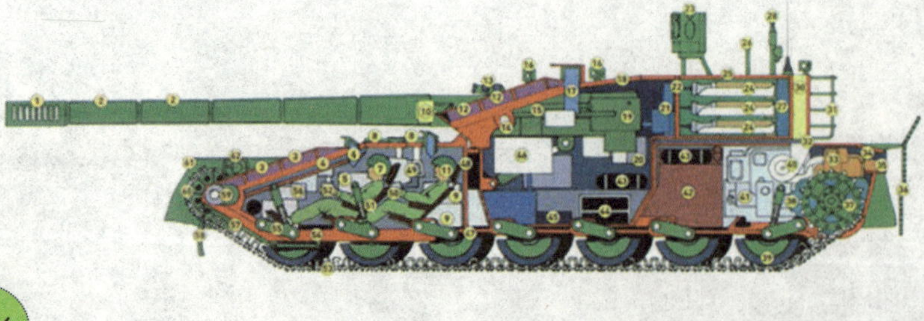

←T-95 主战坦克侧视结构图

该坦克的研制者认为，具有"革命意义"的T–95主战坦克在防护隐身、机动、火力等诸多战术技术性能方面，足以令世界上服役的最先进的主战坦克俯首称臣。

据悉，T–95的武器与现役坦克存在着显著区别。在火力方面，T系列坦克一直装备着世界最大口径的125毫米滑膛炮，火力一直居世界第一，而T–95坦克的火炮口径更大，达到了135毫米，是世界各国主战坦克中口径最大的主炮，这预示着其射程更远，杀伤力更大。它配备有新型自动装弹机和先进的火控系统，具备对昼夜移动目标完全自动跟踪、识别、选定目标等全面功能，大大缩短了从发现目标到射击的时间，提高了射击精度，而且操作简单，反应迅速。据称，T–95在运动中射击的命中率接近于静止间射击的命中率。

↑号称领先西方10年的俄罗斯T–95主战坦克

↓T–95坦克发射的炮射导弹可在远距离击穿1200毫米厚装甲

在动力方面，T–95的动力系统经过大幅度改进后，已超过了西方最新型主战坦克的发动机功率。据悉，T–95的发动机为GTD–1250型燃气轮机的改进型，具有更大的单位功率与加速性能，其速度比现在被俄军士兵称为"飞行坦克"的T–90还快，公路最大速度超过75千米/时，不带附加燃料箱时最大行程达400千米。它采用一种新型悬挂装置，不仅能确保其在高低起伏地上高速平稳地行驶，还可任意调节车底距地高度，具有优异的越野能力。

它将安装新型爆炸式反应装甲，现役120毫米坦克炮都无法在两千米射程内正面贯穿它。加强了装甲防护的T–95还能抵御装有串联弹头的反坦克武器的攻击。T–95坦克还将安装主动防御系统，该系统由多用途小型雷达、反应迅速的防御弹药和专用计算机组成，主要任务是拦截、摧毁来自任何方向的以70~700米/秒速度飞行的各型来袭反坦克武器。

与以往的俄式坦克不同，T–95的自动化程度有了明显的提高。坦克乘员将减少至两名，分别为车长和驾驶员（兼机械师）。它注意人体工程设计，驾驶舱用装甲板与战斗舱完全隔离开来，座椅舒适，舱内活动空间比其他型坦克宽敞，空间狭窄造成的疲劳因素消减。此外，T–95还装备有最现代化的无线电设备。

凭借低矮的外形、强大的火炮、先进的防护和抗沙尘侵袭措施，T–95在与任何一种现代化坦克的对决中都能占据优势。

**其他重要技术数据：**

单位功率（kw/t）→22.05
潜水深（m）→5.5
最大公路速度（km/h）→75
火炮口径（mm）→135
涉水深（m）（无准备）→1.4
爬坡度（%）→27
越垂直墙高（m）→0.9
越壕宽（m）→2.9

# 乌克兰 T-84 主战坦克——鏖兵沙场

## 乌克兰 T-84 主战坦克

[出生地]…………乌克兰 / 莫洛佐夫机械设计局
[装备国家（地区）]…………乌克兰、巴基斯坦
[乘员（人）]…………3
[战斗全重（t）]…………46
[车长（m）]…………（炮向前）9.72/（车体长）7.09
[车宽（m）]…………（至履带）3.56/（含裙板）3.78
[车高（m）]…………（至炮塔顶）2.22
[车底距地高（mm）]…………515
[主要武器]…………KBA-3 型 125 毫米滑膛炮
[辅助武器]…………7.62 毫米 PKT 机枪、NSVT 型 12.7 毫米机枪

T-84 主战坦克由乌克兰莫洛佐夫机械设计局研制，并由乌克兰马雷舍夫坦克厂生产。该厂是 T-64 、T-64A、T-64B、T-80UD 主战坦克的研制者。但是随着苏联的解体，T-80UD 主战坦克于 1991 年停产了。

1993 年，乌克兰决定进一步研制 T-80UD 主战坦克，导致了 T-84 主战坦克的诞生。1995 年年初，该车在阿布扎比首次展出。目前，T-84 坦克约 98%的部件都在乌克兰生产，他们计划将这一比例提高到 100%。

T-84 主战坦克的布局与 T-80 主战坦克非常相似，驾驶舱位于车体前部，炮塔位于车体中部，动力传动装置位于车体后部。驾驶员的座椅位于车体前部中央处，有 1 扇舱门和 3 具潜望镜，中间 1 具可以更换成被动式夜视仪。炮长的座椅位于新炮塔的左侧，车长在右侧，车长和炮长都有一个顶部舱口。炮塔由多层钢和非金属装甲组成，前部为 6 层钢质 / 陶瓷及玻璃纤维组合的复合装甲，两侧为 5 层。

T-84 坦克上安装的是 1A45 型火控系统，车长和炮长在坦克停止或行进时都能用 KBA-3 型 125 毫米主炮瞄准目标，并且有着很高的首发命中率。车长有 1 具 TKN-4S Agat 昼 / 夜垂直稳定瞄准镜，炮长有 1 具 IG46 Irtysh 双向白昼瞄准镜，内含激光测距仪和导弹制导装置。炮长的“暴风雪”—E 型夜视仪为垂直稳定式。T-84 坦克上还可以选择安装热成像夜视设备。

*T-84 坦克的变型车 T-84-120“堡垒”主战坦克*

↑T-84 主战坦克装备 1 门 KBA-3 型 125 毫米滑膛炮

↑全身披挂的乌克兰 T-84 主战坦克缓缓驶过阅兵仪式广场。

↓T-84 主战坦克

计算机化的模拟/数字式火控系统先对来自各传感器的输入数据（包括坦克和目标速度、倾斜度、风速、环境温度、弹丸和药筒温度以及身管磨损等）进行计算，然后将火炮瞄准目标，该计算机还能计算出带控制引信的榴弹何时在目标上空爆炸。弹道计算机是 1V528 型，火炮稳定系统为 2E42 型。

T-84 坦克有三重防护，即先进的复合装甲、爆炸反应装甲和“窗帘”—1 主动防护系统。爆炸反应装甲可防化学能弹和动能弹的攻击。车内壁有防护内衬，当穿甲弹穿透车体后，内衬可挡住大部分碎片，以降低对人员的杀伤率。悬挂装置的上部被裙板覆盖，裙板前半段为 3 节组合式双层钢质装甲，后半段为金属网衬橡胶混合制品。车辆前面挂有全橡胶挡板，用以防尘。车体正面还可以加挂两块特殊的垂直橡胶甲板。

T-84 的变型车有 T-84U 主战坦克、T-84-120“堡垒”主战坦克、BTMP-84 重型步兵战车和 BREM-84 装甲抢救车。

**其他重要技术数据：**

履带中心距（m）→2.8
履带宽（mm）→580
履带着地长（m）→4.29
公路最大速度（km/h）→65
越野速度（km/h）→45～50
燃料储备（L）→1300
最大行程（km）
　　公路→540
　　越野→350～400
涉水深（m）
　　无准备→1.8
　　有准备→5.0
过垂直墙高（m）→1.0
越壕宽（m）→2.85
爬坡度（%）→32

# 乌克兰 T-64U 主战坦克——浴火重生

## 乌克兰 T-64U 主战坦克

[出生地]…………乌克兰 / 莫洛佐夫机械设计局
[装备国家]…………乌克兰
[战斗全重（t）]…………43
[车长（m）]…………（炮向前）9.86
[车高（m）]…………2.2
[主要武器]…………KBA-3 型 125 毫米滑膛坦克炮
[辅助武器]…………7.62 毫米并列机枪、12.7 毫米高射机枪

于 1999 年 9 月出现的乌克兰 T-64U 主战坦克（项目代号 447AM-1），是 T-64 系列中最新的型号，它是由乌克兰莫洛佐夫机械设计局（也被称作哈尔科夫机器制造设计局）负责改进的，其目的主要是用于乌克兰陆军装备的 1500 多辆 T-64B1 和 B2 型主战坦克的现代化升级。

T-64U 主战坦克因为是从 T-64 型改进而来的，所以在总体布置形式上仍继承了 T-64 坦克标准布置形式。全车由前至后仍分成驾驶部分、战斗部分和动力传动部分。乘员 3 人：车长、炮长、驾驶员。

↑正在行驶的 T-64U 主战坦克

车体为全焊接结构，驾驶员位于车体前部中央，其上方有 1 扇向右开的滑动式舱盖，舱盖上装有 3 具潜望观察镜，在需要时，中间的 1 具可换成微光或红外潜望镜。

T-64U 坦克的炮塔依然处于车体中部，构成战斗部分，车长与炮长在炮塔内的位置分居于右侧和左侧。车长指挥塔顶部的舱门向前开启，门的顶部安置了 3 具后视潜望镜，指挥塔四周安装有 5 具潜望镜，在指挥塔的正前方安装了 1 具热成像仪和 1 挺 12.7 毫米的高射机枪。炮长上方的舱门也向前开启，舱门正前方也有 1 具热成像仪。在炮塔的后部左右侧装有一组 9 具烟幕发射器。另外，炮塔的转动不受舱盖开闭的影响。其主动红外探照灯仍在炮塔的右边。T-64U 坦克的底盘仍是原 T-64 坦克的底盘，动力传动装置位于车体后部，包括发动机、传动装置等。

**龙文小百科　坦克研发新思路**

近十年时间，世界上新型坦克的研制速度明显放慢，各国都把精力集中到了改进现有坦克的技术性能上面。在这股改装热潮中，出现了两种思路：美、法、德、英等西方国家基本上是依靠自己的技术进行改装，捷克、波兰等东欧国家则走上了东西合璧的技术改装道路。就连在世界上享有盛誉的乌克兰莫洛佐夫机械设计局也逐渐改变了自己的一贯风格，开始在坦克改装方面越来越多地采用西方技术。

苏/俄制坦克的火控系统一向落后于西方，这是一个不争的事实，这一点也一直成为西方对苏/俄制坦克口诛笔伐的攻击重点之一。莫洛佐夫机械设计局在对T-64坦克改进时，对其火控系统进行不懈的努力，力争使其火控系统达到T-84坦克的水平。事实上，莫洛佐夫机械设计局也做到了这一点。他们的方法很简单，就是把T-84坦克上的火控系统安装到了T-64U坦克上。

这种火控系统为稳像式火控系统。炮长昼间瞄准镜为双向稳定，有激光测距通道和制导通道。炮长用夜视仪仅垂直方向稳定，当然也可以选用热像仪，不过这样的话会大幅增加改进经费。

其他各种传感器包括横风传感器、炮耳轴倾斜传感器、身管磨损传感器、弹药温度传感器等。可以这样认为，T-64U主战坦克的火控系统在T系列坦克中是属于前列的，当然和西方最先进的主战坦克相比还是有一些距离。

←行进中的T-64U主战坦克

→雪地中的T-64U主战坦克

T-64U坦克上还装了许多令西方人极感兴趣的装备，如可侦测30千米范围内直升机的传感器及神秘的防雷达探测涂层，这种涂层能有效减少T-64U坦克被敌方发现的概率。为保证乘员能在任何情况下完成作战任务，如在沙漠或北极寒冷地区作战，车内安装有空调系统，还安装有能够抗强烈干扰的数字化通信保密设备、卫星导航定位系统等装置及独一无二的敌我识别系统。

目前该局仍在对苏联时期的各种装甲武器进行改进，以使它们的战斗力接近、达到或者超过西方的同类坦克，并且该局不断把这些改良产品推向国际市场，以换取宝贵的硬通货。经过莫洛佐夫机械设计局改进的产品已经对西方同类坦克产生了冲击，但这只是开始，更可怕的是西方相当有可能在战场上碰到这些武器！

# 英国“酋长”主战坦克

## ——生不逢时的老“酋长”

### 英国“酋长”主战坦克

[出生地]…………英国／维克斯防务系统公司
[装备国家]…………英国、伊朗、伊拉克、约旦、科威特和阿曼
[装备时间]…………1967
[乘员（人）]…………4
[车长（m）]…………（炮向前）10.80/（炮向后）9.87/（车体长）7.52
[车宽（m）]…………（带裙板）3.66/（不带裙板）3.5
[车高（m）]…………（至炮塔顶）2.40
[车底距地高（mm）]…………508
[主要武器]…………L11A5 型 120 毫米线膛炮
[辅助武器]…………L8A1 型 7.62 毫米机枪、L37A1 型 7.62 毫米机枪

1963 年 5 月，“酋长”坦克被英军批准服役。近年来，“酋长”主战坦克的数量正在逐步减少。20 世纪 90 年代末，在英军中服役的所有“酋长”主战坦克全部退役，陆续由“挑战者”主战坦克代替。

“酋长”（Chleftain）坦克上承“百人队长”（Centurion）坦克，下接“挑战者”（Challenger）坦克，具有英国 C 系列坦克的典型特征，强调火力和防护，是英国坦克的一贯传统。

“酋长”主战坦克以前一度音译为“奇伏坦”坦克，战斗全重达 54 吨，比同一时期美国的 M60 坦克（48 吨）和联邦德国的“豹”1 坦克（41.5 吨）等要重得多，是 20 世纪 60 年代生产的第一代主战坦克中最重的坦克，体现出英国主战坦克重视防护的特点。

“酋长”主战坦克乘员 4 人（车长、炮长、驾驶员和装填手），总体布置为传统的炮塔式坦克，车体内部由前至后分别为：驾驶室、战斗室和动力舱。车内布置紧凑，半仰卧的驾驶员座椅更是一个“亮点”，有利于降低车体高度。

*←英国“挑战者”1 主战坦克可以说是“酋长”主战坦克的改进型。*

“酋长”主战坦克的一个突出特点是，率先采用了 L11A5 型 120 毫米线膛炮。它是世界上最先采用 120 毫米口径的主战坦克。像“豹”2 坦克，直到 1979 年才装上了 120 毫米线膛炮，而 1981 年年初定型的 M1 坦克装的还是 105 毫米线膛炮，到 1985 年改进为 M1A1 坦克时才装上 120 毫米滑膛炮。1966 年定型的苏联 T–64 主战坦克虽说装了 125 毫米滑膛炮，但比“酋长”坦克要晚些，而且 125 毫米炮和 120 毫米炮是东西方不同系列的坦克炮，不具有可比性。

L11A5 型 120 毫米线膛炮的射速较高，第一分钟可发射 8~10 发炮弹，持续射速为 6 发 / 分。可发射各种 120 毫米线膛炮炮弹，包括 L23A1 曳光尾翼稳定脱壳穿甲弹、L15A4 曳光脱壳穿甲弹、L31 碎甲弹、破甲弹、L34 发烟弹、照明弹和空爆弹。

→“酋长”坦克的正面装甲厚度达 150 毫米

↑“酋长”主战坦克的一个突出特点是，率先采用了 L11A5 型 120 毫米线膛炮。

“酋长”坦克的推进系统也很有特色。最大的特点是采用了二冲程多燃料发动机。世界上多数坦克采用的是四冲程的发动机，采用二冲程发动机的只有英国的“酋长”坦克、日本的 74 式坦克等少数坦克。

以 20 世纪六七十年代的标准来看，“酋长”坦克的装甲防护性能堪称一流。车体为钢装甲全焊接结构，炮塔为整体铸造件，一般部位的装甲厚度为 82~90 毫米，正面装甲厚度达 150 毫米。车体和炮塔的正面倾角较大，达 30 度。整车的各缝隙和舱门处都经过特殊处理，密封性较好。三防装置放置在炮塔尾舱内，为集体式三防装置。坦克内有 5 个便携式灭火瓶和自动探测报警系统。在炮塔顶的后部装有红外探测器，可探测全周向的红外光源。

**其他重要技术数据：**

单位功率（kw/t）→10.16
单位压力（MPa）→0.0882
最大速度（km/h）→48
越野速度（km/h）→30
最大行程（km）→400～500
储油量（L）→950
最大爬坡度（%）→31
过垂直墙高（m）→0.914
越壕宽（m）→3.149

从英军装备情况和外贸销售业绩来看，“酋长”坦克甚至还赶不上上一代的“百人队长”坦克。按说，“酋长”坦克的性能还算不错，为什么会“一代不如一代”呢？究其原因，只能用“生不逢时”来解释。

→“酋长”坦克侧视图

←“酋长”坦克前视图

→“酋长”坦克后视图

20 世纪 70 年代至 80 年代，一些军事大国研制出一大批先进的主战坦克，包括 T–72、T–80、“豹”2 和 M1 坦克等，这些坦克在性能和价格上具有优势，即在性价比上压倒了“酋长”主战坦克。对于“酋长”坦克来说，应该有“既生瑜何生亮”之憾。不过，“酋长”坦克并没有“白来世上走一回”，“挑战者”坦克便可以说是“酋长”坦克的“凤凰涅槃”。“挑战者”1 坦克就是在“酋长”坦克的改进型和“伊朗狮”主战坦克的基础上改进而成的。有人说，“挑战者”1 坦克是“旧瓶装新酒”，这个“旧瓶”就是“酋长”坦克。有人说，“挑战者”坦克就是“酋长”坦克的改进型，这话有一定道理。

# 英国“挑战者”2主战坦克——英国人的骄傲

## 英国“挑战者”2主战坦克

[出生地]…………英国
[装备国家]…………英国、阿曼
[装备时间]…………1994
[乘员（人）]…………4
[战斗全重（t）]…………62.5
[车长（m）]…………（炮向前）11.55/（炮向后）9.86/（车体长）8.33
[车宽（m）]…………（带裙板）3.52/（不带裙板）3.42
[车高（m）]…………（至炮塔顶）2.49
[车底距地高（mm）]…………500

“挑战者”2主战坦克是英国陆军自第二次世界大战后设计的最强的主战坦克。基本型生产从1993年开始，至2002年已经有386辆进入英国装甲兵部队服役，另外还有38辆出口到了阿曼，这型坦克的最大特征就是62.5吨的战斗全重和世界最高水平的防弹能力。

在现今世界著名的主战坦克中，英国的“挑战者”坦克有许多与众不同之处。

“挑战者”2的车体和炮塔的构型均采用匿踪技术以降低雷达信号。虽然看起来它的车体和“挑战者”1没有太多不同，但各项改良总计达到156项之多，其中包括：新材料的承载系统、加装液压履带调整装置、较可靠的驾驶操控装置、换装防火袋式燃油箱、新车灯和操作较简易的引擎盖等。此外，鉴于“挑战者”1在维修上的诸多问题，新车体特别加强了整体的可靠度，单动力系统方面就进行了近50项改良。

←英国陆军现役“挑战者”2主战坦克

↑采用第二代“乔巴姆”复合装甲的“挑战者”2主战坦克

“挑战者”2之前的英国坦克在车载电子装备上是相对落后的，而“挑战者”2则在这一方面有了长足的进步。首先是FCS中枢数字化计算机，采用了新一代的CDC制，车内各种电子设备通过数据总线相连接，以后还将加入现在正在开发中的战场信息控制系统BICS和GPS全球卫星定位系统。这些改进将会使“挑战者”2成为真正电子化的主战坦克。

“挑战者”2配备全新的炮塔，这是最重要的改良项目，构型设计上参考了MK.7/2型和巴西的“熊”式OSORIO战车，整合两种炮塔的诸多特性。新炮塔的整体布置和“挑战者”1相仿，但构造非常简洁，省略了后者的外部杂物箱，但尾舱中装有防核生化系统和环境控制系统。

“挑战者”系列坦克一直以重视防御著称，“挑战者”2的防护能力，特别是炮塔的防护能力大幅提升，采用第二代“乔巴姆”复合装甲，这种装甲对抗动能弹和化学弹的效能极佳。

在世界各国主力战车都使用滑膛炮的时代，“挑战者”2却坚持采用线膛炮。当时曾被认为落后了，而海湾战争中同样选用这种炮的“挑战者”1的实战成绩已经充分证明了它的威力。该坦克上有存放42个药筒和64个弹丸的位置，每个药筒位置可放1发脱壳穿甲弹或者两发碎甲弹或发烟弹药筒。一种典型的混合储存弹药方式是20发脱壳穿甲弹和44发碎甲弹或发烟弹。

越野行驶中的“挑战者”2主战坦克

全速前进的“挑战者”2主战坦克

↑↓“挑战者”2主战坦克模型（上）及其炮塔特写（下）

鉴于“挑战者”1以往在北约射击演习中的低劣表现，射控系统是“挑战者”2主要提升重点之一。改进型火控系统是由M1A1的射控电脑进一步改良而来，功能提升的潜力极佳，可执行战场资料控制或导航辅助，并能用于作战训练。大大缩短从捕捉目标到射击所需的反应时间，赋予火炮对3000米固定目标和2000米活动目标射击的较高的首发命中率。

“挑战者”2主战坦克搭载的是帕金斯公司生产的康达（Condor）12V-1200型涡轮增压柴油机，在2300转/分时功率为882千瓦（1200马力）。该发动机有两个涡轮增压器，单缸功率达73.5千瓦（100马力），发动机的控制采用道提防卫公司制造的数位控制单元以及大卫布朗公司的TN54变速箱，不仅提高了发动机的功率，同时也提升了机动性。在越野实战中，时速达到40千米是没有问题的。这对于一辆62.5吨的超重型坦克来说，尤为难得。

# 德国“豹”2主战坦克——陆战王者

“豹”2主战坦克于1979年10月正式列入联邦德国陆军装备，用以替换美国的M48主战坦克。德国共生产各种型号的“豹”2主战坦克2125辆，其中“豹”2A1型750辆，“豹”2A2型380辆，“豹”2A3型300辆，“豹”2A4型695辆。由“豹”2A4改进而成的“豹”2A5型350辆。

“豹”式坦克是20世纪70年代由美国和联邦德国共同研制开发的MBT70所衍生出来的主力战车。由于美、德两国在战车设计和战术思想上的差异，再加上昂贵的费用，使得两国各自发展适用的战车，但计划中之前开发出来的MBT70技术都被运用到了新的战车开发之中，这也是“豹”2和M1战车有许多共同点的原因。

“豹”2主战坦克采用常规炮塔式坦克的结构形式，车内由前至后依次为驾驶部分、战斗部分、动力传动部分。车内有乘员4人，即车长、炮长、驾驶员和装填手。

↑涂上迷彩的“豹”式坦克

“豹”2坦克上装有1门莱茵金属公司研制的RH-120型120毫米滑膛炮。身管用冷拉无缝钢管制成，经过自紧工艺处理，设计膛压为710兆帕，内表面镀有硬铬，寿命可达500发（全装药当量）。

“豹”2坦克的120毫米滑膛炮配用两种尾翼稳定的标准弹，即DM-13型动能弹和DM-12型多用途弹。它们可与美国M1A1和法国“勒克莱尔”主战坦克的120毫米弹药通用。

“豹”2坦克的火控系统主要由以下部件组成：EMES 15炮长主瞄准镜、PERIR17车长周视潜望瞄准镜、FERO-Z18炮长辅助瞄准镜、WNA-H22火炮随动装置、中心逻辑电路、火控计算机、火控系统操纵装置、计算机控制的RPPl-8检测仪。

“豹”2坦克的车体和炮塔均由高强度、高韧性钢与其他材料制成的复合装甲板焊接而成，炮塔周围呈垂直状（这是“豹”2坦克的典型外部特征），其内部采用隔舱化结构，用密封隔板将乘员室（战斗室）与发动机室、备用弹舱、储压室和液压装置等分隔开，从而提高了乘员的生存能力。

另外，车体两侧有履带裙板，铁路运输时，前边的4块重型裙板可向上折起或卸下。翼子板上方是填有泡沫塑料的橡胶油箱，减少了中弹时爆炸的危险。车底的特殊造型提高了坦克的防地雷能力。炮塔尾部的伪装器材（帆布和伪装网等）为炮塔提供了良好的附加防护。车辆的高度机动性也有助于提高坦克的生存能力。

→“豹”2主战坦克驾驶舱内部特写

“豹”2主战坦克开火瞬间

“豹”2主战坦克在阅兵仪式上

←大量的“豹”2主战坦克被源源不断运往不同的国家

“豹”2坦克采用1台MB873Ka-501型12缸、90度夹角、四冲程水冷柴油机。该发动机有预燃室燃烧系统，输出功率1500马力，与车重的比率是27马力/吨，是目前世界上功率最大的发动机。

从第五批“豹”2坦克起，安装了抑爆装置，它可抑制乘员室内因中弹而可能引起的燃油或液压油起火，以防止碳氢化合物的爆燃对乘员造成伤害。

自从“豹”2坦克开始生产至今，已经历了30多年的时间，这完全可以被称为是一个军事工业的奇迹。特别是在世界范围内轻型化或中型部队发展如火如荼的今天，轻型或中型装甲装备大有取代主战坦克的势头。而与此同时，“豹”2这种战斗全重62吨的重型装备仍在不断扩大生产能力，这不能不让世界各国的军事工业界感到惊奇。

↓全副伪装的“豹”2主战坦克

# 以色列“梅卡瓦”主战坦克——中东猛虎

## 以色列“梅卡瓦”主战坦克

[出生地]…………以色列/以色列军械局坦克维修改造厂
[装备国家]…………以色列
[装备时间]…………1979—1989
[乘员（人）]…………4
[战斗全重（t）]…………60～65
[车长（m）]…………（炮向前）8.63～9.04/（车体长）7.45～7.97
[车宽（m）]…………（带裙板）3.7～3.72
[车高（m）]…………（至炮塔顶）2.64～2.66/（至车长指挥塔）2.75～2.80
[车底距地高（mm）]…………470～490

在1967年中东战争之前，以色列装甲兵装备有法国的AMX-13轻型坦克、英国的“百人队长”坦克、美国和联邦德国提供的M48及M60系列坦克。由于来自阿拉伯国家的压力，上述的许多国家终止了对以色列的坦克供应。这样，以色列决定发展自己的坦克。

↓“梅卡瓦”主战坦克是主战坦克中的一个传奇。

以色列的“梅卡瓦”坦克是主战坦克中的一个传奇，它的设计思路与当今世界的坦克主流截然相反，却获得了众多坦克专家的认可，被誉为“世界上防御最好的坦克”。

↓作战中的以色列坦克兵，身旁是他们引以为傲的“梅卡瓦”主战坦克。

“梅卡瓦”主战坦克的设计工作由以色列前装甲兵司令塔尔将军领导，基本设计指导思想是将防护力作为实现坦克的火力和机动性的基础，而保护乘员安全又是防护的重点。

以色列“地小人少”的特殊国情是另类“梅卡瓦”诞生的原因。由于兵源有限，以色列把坦克乘员的生存放到了首要的位置。从“梅卡瓦”Ⅰ型坦克设计之初就要求把乘员位置放低并尽可能坐在车体后部，因此采用了独特的动力－传动装置前置的总体布局方案，发动机、燃油箱等都被用作辅助防护手段，将乘员位于3米厚的各种防护层之后，心理上的安全感大大增强，从而最大限度地增强了乘员逃生的可能。

↑“梅卡瓦”Ⅰ型、Ⅱ型、Ⅲ型侧面图的比较

为了贯彻“防护第一”这一理念，“梅卡瓦”的装甲防护得到了空前的重视，它是号称“把75%的车重都用于防护上的坦克”，而一般的主战坦克用于防护的重量仅占50%。从“梅卡瓦”Ⅰ到“梅卡瓦”Ⅳ的历次改进中，防护性能的增强始终是重中之重，哪怕是付出了战斗全重超标的代价也在所不惜。独特的楔形炮塔使“梅卡瓦”坦克的正面投影缩小，减少了中弹概率。为减少弹药爆炸引起的二次效应，车体前部和炮塔座圈以上部分不放置弹药……种种措施使它被称为世界上最重视乘员生存力和防御最好的坦克。

在1982年的第五次中东战争中，“梅卡瓦”坦克首战成名。入侵黎巴嫩的以色列“梅卡瓦”坦克击毁了9辆叙利亚的T-72坦克，而其本身虽多次被击中却凭借良好的防护性能无一人伤亡，在打破了T-72坦克不可战胜的神话的同时又创造了“梅卡瓦”不可摧毁的神话。在之后频繁的巴以冲突中它始终战斗在第一线，可谓是当今最有实战经历的主战坦克了。

然而在2006年8月的黎以冲突中，在真主党游击队的反坦克导弹面前，“梅卡瓦”系列坦克却接连被重创。整个冲突中有47辆“梅卡瓦”坦克被摧毁，33名坦克兵死亡，是“梅卡瓦”坦克和以军在整个作战史上表现最不成功的一次。

以色列国防部认为，在现代战争中，坦克不再起决定性作用，而且在战场上的表现也不如人意，因此决定提前于2007年上半年完成正在执行的“梅卡瓦”Ⅳ坦克生产项目，2009年开始淘汰服役最长的“梅卡瓦”Ⅱ和Ⅲ型坦克。根据以色列陆军的未来改革计划，以陆军的装甲规模将进一步缩小，会装备更多的重型步兵战车和自行火炮，加强其机械化程度。“梅卡瓦”的传奇走到了尽头。

### 龙文小百科

**“梅卡瓦”之父——塔尔将军**

塔尔（Tall）将军是以色列国防军装甲兵部队的著名将领，1924年生于马哈奈姆（今以色列特拉维夫附近）。塔尔先后入赫布莱大学及英国的参谋学院学习，攻读哲学、政治学和军事学。1942—1946年间，塔尔在英军陆军的犹太旅中服役，参加了英军在二战中意大利战场的战斗。

二战结束后，塔尔于1948年回到刚刚建国的以色列，转入以色列国防军，先是步兵，后转入装甲部队，历任以军装甲师的团长、师长和装甲兵总监，获得了少将军衔。1961年和1973年，他两次获得以色列防卫奖章。长时间的作战实践，使塔尔获得了丰富的坦克使用和作战经验，后来出任“梅卡瓦”坦克的总设计师，也是众望所归。设计中，塔尔将军大胆地提出了“防护第一”、“乘员的生存力第一”的独特的设计思想，造就了“梅卡瓦”主战坦克的特殊“性格”。塔尔将军已经退休多年，但他仍然关注以色列装甲兵的建设，主要著作有《塔尔将军谈坦克哲学》等。

→行进中的“梅卡瓦”主战坦克

# 日本 74 式主战坦克

## ——太阳旗下的“铁甲精英”

### 日本 74 式主战坦克

[出生地]…………日本
[装备国家]…………日本
[车长（m）]…………（炮向前）9.41/（炮向后）7.84
[车宽（m）]…………（带裙板）3.18/（不带裙板）3.12
[车高（m）]…………（至炮塔顶）2.25
[车底距地高（mm）]…………400±200
[最大速度（km/h）]…………53
[最大爬坡度（%）]…………31
[过垂直墙高（m）]…………1
[越壕宽（m）]…………2.7

74 式主战坦克是日本为了在 20 世纪 70 年代后期至 80 年代更换陈旧的 61 式坦克而研制的，它是日本战后生产的第二代坦克。该型坦克于 1964 年开始研制，1974 年 9 月定型并开始装备日本陆上自卫队，主要编配在装甲师及步兵师的坦克分队中。迄今共装备 870 辆。

↓日本 74 式主战坦克堪称日本第二代坦克中的佼佼者。

日本74式主战坦克，是二战后第二代坦克中的精品。

74式主战坦克的战斗全重为38吨，空车重量为36.3吨。此外，如果加上推土铲及其液压油缸的1100千克、红外大灯的220千克，战斗全重将达39.32吨。和西方“人高马大”的主战坦克相比，74式坦克更接近T系列坦克，属于“小巧玲珑”型，车内乘员4人（车长、炮长、驾驶员和装填手）。

74式主战坦克侧视图

74式主战坦克的炮塔为铸钢炮塔，炮塔尾舱是焊接的，流线型较好。主要武器是著名的英国L7A1型105毫米线膛炮，经特许由日本制钢所制造。在特许生产时，改为立式炮栓和同心式液压驻退/复进机。炮身长为51倍口径，身管材料为高级镍铬钼钒钢，并采用自紧工艺，最大膛压达到430兆帕，炮全长5592毫米，重2.8吨。身管中央部装有抽烟器，但没有炮口制退器。击发装置采用电击发式。

发射的弹种为：脱壳穿甲弹、尾翼稳定脱壳穿甲弹、多用途弹和碎甲弹等，所有的弹种均为曳光弹。

74式主战坦克的火控系统为扰动式，只适用于“静对静”射击，“动对动”射击时的命中率不高。在设计思想上，突出了车长的作用。

74式主战坦克的两大特色是，采用了二冲程风冷柴油机和可调式液气悬挂装置。动力装置为三菱重工业公司制造的10ZF22WT型二冲程复合增压风冷柴油机。

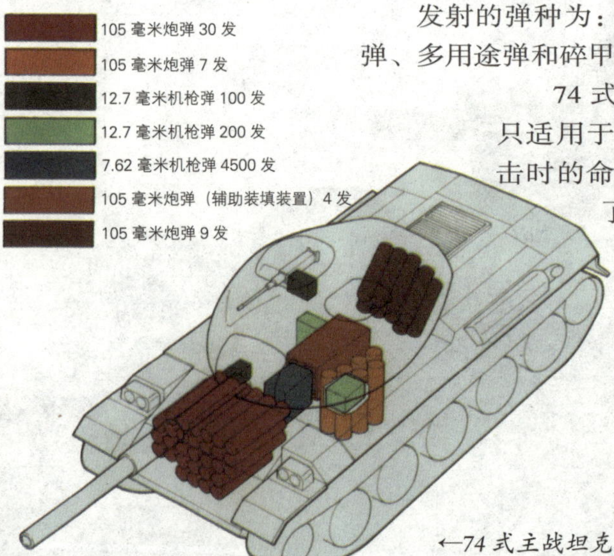

←74式主战坦克的炮弹布置图

74式主战坦克的最大特色是采用了液气悬挂装置，这成为它的“亮点”之一。在定型车上为了降低成本，仅在前后4个负重轮处采用了可调液气悬挂，中间的6个负重轮为不可调式。整套液气悬挂装置由液压泵、液压油缸、液压油箱、油管及各种控制阀组成。在20世纪六七十年代的各国主战坦克中，只有瑞典的Strv103无炮塔坦克和日本的74式坦克采用了液气悬挂装置。

↑太阳旗下的“铁甲精英”——74式主战坦克

74式坦克列装已经30多年，但其装甲防护性能仍是机密中的机密。这也难怪，74式坦克还是现役装备，正在大量使用，其抗弹性自然不会随便公开。

总的看来，74式主战坦克的设计思想是，重视火力和机动性，三大性能比较均衡，强调“适于国土防卫作战”。这种坦克适应日本多山地丘陵、河川纵横的地形特点。在设计上，74式坦克有许多独到之处，被日本陆上自卫队视为“铁甲精华”，但是，如果与M60、“豹”1以及T-62横向比较的话，并不占优势。

在日本二战后的坦克发展史上，74式主战坦克是一款承上启下的坦克。74式主战坦克上的二冲程柴油机技术、液气悬挂技术以及74式预研阶段的复合装甲技术等，都在90式主战坦克身上得到继承和发扬。可以认为，如果没有74式主战坦克，便不会有90式主战坦克，此言并不为过。

74式主战坦克后视图，与其他坦克相比，74式坦克更为低矮和紧凑，具有较好的避弹性能。

# 日本 90 式主战坦克

## ——“东西合璧”的“东瀛利刀”

### 日本 90 式主战坦克

[出生地]…………日本 / 三菱重工
[装备国家]…………日本
[装备时间]…………1992
[乘员（人）]…………3
[战斗全重（t）]…………51.6
[车长（m）]…………（炮向前）9.75/（车体长）7.45
[车宽（m）]…………（带裙板）3.33
[车高（m）]…………（至车体顶）2.34/（至炮塔顶）1.57/（至机枪）3.04
[车底距地高（mm）]…………450
[主要武器]…………120 毫米滑膛炮
[辅助武器]…………M2 型 12.7 毫米高平两用机枪、74 式 7.62 毫米并列机枪

富士山是日本第一高峰，风景优美，被日本人奉为“圣山”。就在这美丽的富士山下，常年驻扎着配备有 90 式主战坦克的日本陆上自卫队。90 式坦克形体小，跑得快，火炮威力大，可称得上“陆战之王”中的“小猛虎”。

↑美丽的富士山下，驻扎着日本人引以为傲的 90 式主战坦克。

90 式坦克从 1975 年开始研制，到 1990 年定型，历时 15 年之久。整个研制经费高达 350 亿日元，每辆价格为 850 万美元。90 式坦克被日本人称为“世界上第一流的坦克”，有人称它是“世界上最昂贵的坦克”。

90 式主战坦克在 1997 年世界主战坦克排行上名列榜首，在 1998—2004 年世界主战坦克排行榜上均居第三位，日本坦克已跻身于世界先进坦克行列之中。90 式坦克吸取了德国坦克火炮威力大、机动性能好的优点，又吸取了苏联坦克总体布置紧凑、战斗全重较轻、乘员少等优点，再充分利用日本先进的电子技术，可称得上“东西合璧”的优秀坦克。

关于日本 90 式坦克的情况，在设计初期，它以比现在更高的保密级别隐蔽起来。日本政府和主承包商三菱重工业公司对 90 式坦克讳莫如深，使得它蒙有一层神秘的面纱。直到 1988 年年初，关于这种坦克的秘密才在军事圈之外部分公开。据军事评论家称，90 式坦克是完全现代化的，在火控和电子技术方面甚至比人们广为称道的“勒克莱尔”、“豹”2A5 和 M1A2 还要先进 。正是由于这个原因，90 式坦克才真正成为世界级坦克。

90 式坦克的另一个特点是采用自动装弹机，这正符合了日本坦克追求紧凑的目标，因为安装自动装弹机就可以节省出装填手和装填手作业的空间。120 毫米滑膛炮的炮弹又大又重，自动装弹机对于体形矮小、体力较差的日本人来说自然是最合适不过了。

90 式坦克配备 3 名乘员，“豹”2 坦克没有装自动装弹机，所以有 4 名乘员。驾驶员位于车体前部左侧，其上方有 1 扇舱门，门上有 3 具潜望镜，中间 1 具可换上夜间使用的被动式潜望镜。车长和炮长都位于炮塔内，车长在右侧，炮长在左侧，都配有舱门。炮塔与“豹”2 坦克的极为相似，其前部、两侧和后壁呈垂直形状，炮塔尾舱一直延伸到车体后部的发动机室上方。车长上方有指挥塔，塔上装有潜望式瞄准镜和观察镜。

↑全速前进中的日本 90 式主战坦克

↑90 式坦克被日本人称为“世界上第一流的坦克”。

90 式主战坦克火炮的高低射界不详，但可能与 74 式坦克的火炮相似，通过液气悬挂装置使车体前后俯仰，火炮的仰俯角能达到 –10 ~ +15 度。炮塔的旋转和武器的俯仰为全电动式，紧急时也可手动。

90 式坦克是日本首次采用复合装甲的坦克，但日本在第二次世界大战期间就开始研制复合装甲，是世界上研制复合装甲最早的国家。战后，日本在研制 74 式坦克的同时，就研制了一种称为 G 装甲的重型复合装甲。90 式坦克的复合装甲是对 G 装甲加以改进的复合装甲，由轧制装甲钢和蜂窝状陶瓷夹层组成，用于炮塔前部和车体正面。

“豹”2 坦克推出时，其复合装甲令人们惊叹不已。现在装甲的抗弹性能又逐渐被人们重新认识。复合装甲并不是万能的，增加装甲厚度和采用新装甲材料才是较为行之有效的办法。有讽刺意味的是，一直被 90 式坦克模仿的“豹”2 坦克，而今在改进型“豹”2A5 坦克的前部增加了一大块向前凸出的楔形装甲。

90 式坦克装有三防装置和自动灭火抑爆装置以及先进的激光探测报警装置。当被敌方发射的激光照射时，报警装置便立即向乘员报警，并采用相应的对抗措施，如发射烟幕弹、机动规避等。另外，激光探测系统和烟幕弹发射装置的操作也必须依靠车长面板控制。激光探测装置可接收前方 180 度范围的激光束，然后报警。激光探测从 7 个方向以灯光方式显示。灯一亮，车长马上启动烟幕弹发射按键发射烟幕弹，可避开反坦克导弹或制导炸弹的攻击。

日本在研制 90 式主战坦克时，同时考虑了在该坦克底盘基础上发展变型车。目前，90 式主战坦克的变型车主要有装甲抢救车和装甲架桥车。

# 日本新型 TK-X 主战坦克

## ——东瀛陆战新贵

### 日本新型 TK-X 主战坦克

[出生地]…………日本
[乘员（人）]…………3
[战斗全重（t）]…………44
[车长（m）]…………（炮向前）9.42
[车宽（m）]…………3.24
[车高（m）]…………2.3
[最大速度（km/h）]…………70
[主要武器]…………120 毫米滑膛炮
[辅助武器]…………74 式 7.62 毫米并列机枪、M2HB 式 12.7 毫米高射机枪

2008 年 2 月 13 日，日本防卫省在神奈川县相模原市的防卫省研究本部，向外界展示了其最新研制的 TK-X 主战坦克，对外宣称该坦克作为 74 式和 90 式主战坦克的补充。众所周知，日本在地缘上属于四面环海的岛国，现今周边国家的坦克开发能力和对日登陆作战能力相对较弱，还不足以威胁到日本的国家安全。那么，日本为何在《2001—2005 年度中期防卫力量发展计划》中明确提出，自卫队计划耗资 513 亿日元，用于开发新式坦克，也就是现在的 TK-X 主战坦克呢？

↓日本 TK-X 主战坦克展示

据日本防卫省介绍，TK–X 主战坦克长 9.42 米，宽 3.24 米，负重轮数为 5 对，根据安装不同的复合装甲，坦克重量为 40~44 吨。TK–X 主战坦克的炮塔低矮，呈楔形，整车敦实。日本《2001—2005 年度中期防卫力量发展计划》中曾提到，新式坦克要实现轻型化的目标，以适合利用现有的运输手段进行机动。显然，TK–X 主战坦克基本上实现了这一目标，因为日本的军用运输机最大载重量就为 40 吨左右，这将使 TK–X 主战坦克具有良好的战略机动性。

TK–X 主战坦克采用的主炮是 44 倍或 50 倍口径的改进型 120 毫米滑膛炮，采用德国技术，由德国莱茵金属公司特许日本钢铁集团制造。据称，发射穿甲弹时，炮弹初速比 90 式主战坦克的要快，并且能够发射专门对付反坦克手和工事的先进弹药。另外，TK–X 主战坦克也采用了自动装弹机和比 90 式火控系统更先进的新一代数字式火控系统，能够保证坦克在静止和行进间都有较高的首发命中率。

↓*TK–X 主战坦克*

↓*TK–X 主战坦克正在做悬挂调节展示*

由于安装了自动装弹机，TK–X 主战坦克的乘员只有 3 人，分别是车长、炮长和驾驶员。动力系统采用了日本自研的大功率四冲程柴油发动机，坦克的单位功率达到了 27 马力 / 吨，坦克的最大速度为 70 千米 / 时。另外，TK–X 主战坦克还采用了性能先进的液气弹簧悬挂装置，所以其越野性能有了大幅度提高。在现场，TK–X 主战坦克还给记者们展示了液气悬挂系统的调节能力。

与 90 式主战坦克相比较，TK–X 主战坦克采用了新型复合材料制造的模块化装甲，能在短时间安装拆卸，其装甲厚度与 90 式相当，但防护性能更强。此外，TK–X 主战坦克紧紧围绕信息战的需求，突出强化了适应信息化条件作战的 C41 功能，并且为未来可能的升级留出了相应的空间。TK–X 主战坦克内部装有车长用的观瞄装置及液晶显示面板，配备了先进的车际信息系统。其信息传导设备能与相邻坦克实现信息共享，将实现与其他兵种作战单位的信息链接。这是 TK–X 主战坦克的最大亮点，使它跻身于世界信息化主战坦克的行列。

↑日本新型 TK-X 主战坦克，是目前世界最贵的坦克。

TK-X 主战坦克从设计特点来看，相比 90 式坦克重点加强了火力、机动性和信息化作战的能力，更适合海外部署和执行所谓的“维和行动”。而相比 90 式主战坦克可以将炮塔和坦克车体分别运输的设计，TK-X 主战坦克直接就可以用运输机空运。

←TK-X 主战坦克火炮特写

↓TK-X 主战坦克炮塔特写

据日本防卫省介绍，TK-X 主战坦克目前的单价为 7 亿日元（约合 650 万美元），要知道，美国的 M1A2 也只有 400 多万美元，而根据日本中期防卫计划要求，日本至少需要 900 辆先进的 TK-X 主战坦克。由此可知，日本一方面大力提高舰艇编队“由海向陆”能力和对陆打击能力，一方面又不断增强坦克装甲部队的机动力和攻击力。日本军事能力的大举扩张不能不令人怀疑和警惕。

# 韩国 K1 主战坦克——太极猛虎

## 韩国 K1 主战坦克

[出生地]…………韩国
[装备国家]…………韩国
[装备时间]…………1985
[乘员（人）]…………4
[战斗全重（t）]…………51
[车长（m）]…………（炮向前）9.67/（车体长）7.48
[车宽（m）]…………（带裙板）3.59
[车高（m）]…………（至炮塔顶）2.25
[车底距地高（mm）]…………460
[主要武器]…………M68A1 型 105 毫米线膛炮
[辅助武器]…………M60 式 7.62 毫米并列机枪、M60 式 7.62 毫米装填手机枪及 M3 型 12.7 毫米高平两用车长机枪

K1 是美国通用动力公司帮韩国在 M1 主战坦克的基础上设计的主战坦克，也称为 88 式主战坦克。该坦克的设计充分考虑了朝鲜半岛的独特山形和韩国坦克乘员的人体特点。由于通用动力公司当时正在研制 XM1 坦克，因此该坦克借用了许多 XM1 坦克技术，也缩短了试制周期。两者外形相似，只是 K1 坦克略小，与 M1 坦克可称为姊妹车。

该坦克 1985 年开始装备韩国陆军，计划生产 833 辆，以取代韩国的老式坦克。此后，又为 K1 安装了 120 毫米火炮，称为 K1A1。

*↓K1 主战坦克与 M1 主战坦克堪称姊妹车，但在设计上又匠心独具，别具韩国特色。*

K1 主战坦克是传统的炮塔型坦克，由装甲车体和炮塔两部分组成。总体采用传统布置，驾驶员位于车体左前方，车体中央是战斗舱，其上部是炮塔，车体后部是动力舱，内装发动机和传动装置。炮长位于炮塔内右前方，车长位于炮长后方且稍高，装填手位于火炮左侧。炮塔外形低矮、紧凑、为焊接结构。驾驶员座椅采用半后靠式，有利于降低炮塔座圈高度，从而使车辆总高度下降，炮塔顶高为 2.25 米。与 M1 坦克相比，该坦克外形尺寸较小，总体积减少约 1/4，车重量轻了 7.25 吨，适合于丘陵地带作战。

该坦克采用 AN/VRC-12 型电台和 AN/VIC-1（V）型车内通信系统。

该坦克的主要武器是 1 门 M68A1 型 105 毫米坦克炮，该炮由美国沃特弗里特兵工厂制造。炮管寿命是 200 ~ 300 发。弹种无具体规定。

该坦克用 M60E2 型 7.62 毫米并列机枪与主炮刚性安装，它是 M60 型机枪的改进型。该机枪由炮长操纵，车载子弹 7200 发。

装填手出入口处的枢轴上安装的 M60E3 型 7.62 毫米轻机枪，由装填手操纵，用以对付地面近目标和空中直升机等。该枪射速 550 发 / 分，子弹初速 860 米 / 秒，其最大有效射程是 1000 米。

该坦克采用猎潜式目标捕捉 / 火控系统，反应迅速，能有效地对付多个目标，是引进美国休斯（Hughes）航空公司的产品，车长和炮长均能实施作战。

该坦克采用了钢装甲板和特种装甲，材料与 M1 坦克的相同。由于采用了外形低矮的炮塔，车体尺寸减小，中弹面积减少了 8%。

炮塔正面两侧均装有 M239 型蜂窝式六联装烟幕弹发射器，车载烟幕弹 24 发。炮塔周围的储物箱可起到间隔装甲的作用，增加了防护能力。车体两侧装有装甲裙板，且后部裙板较高，使动力舱侧部受到保护。

韩国 K1A1 型主战坦克火炮特写

车内安装的哈龙（Halon）自动双路灭火系统能在 60 毫秒内把火扑灭，无集体三防装置，配备有单人防毒面具，车上装有 M8A1 三防警报系统和 M13A1 型毒气颗粒过滤器。

K1 主战坦克的改进型号有 K1A1 主战坦克和 XK2 主战坦克两种。

K1 主战坦克部队野外训练

# 韩国 XK2“黑豹”新型主战坦克

## ——世界首款可完全入水的坦克

号称世界第一的韩国 XK2 主战坦克

由韩国国防科学研究院（ADD）和铁道车辆公司等单位合作研发的韩国新型主战坦克发展计划正式启动于 2002 年，一度称为 K1A2，也曾有 K2 之称，现正名为 XK2“黑豹”（Black Panther）新型主战坦克。目前制造出了 3 辆预生产型样车（PV1、PV2 和 PV3），并开始了各种性能的测试。

以制造汽车闻名的韩国现代集团又有新的“技术丰碑”了，这次他们造出了号称全球防御性能最好的“潜水坦克”。据韩国《东亚日报》报道，2007 年 3 月 2 日，韩国现代集团和国防科学研究院（ADD）共同在庆尚南道的昌原试验场展示了一款名为 XK2“黑豹”的主战坦克，时任总统的卢武铉亲临观摩。

XK2“黑豹”坦克不仅能涉水潜行，还能配备对抗导弹的自动防御系统，据称性能超越美国王牌的 M1A2 坦克。这种新型两栖坦克能够完全没入水中，在世界上尚属首次。

XK2“黑豹”新型主战坦克构形低矮，乍看上去很像 K1A1，但是该车可称为一种全新的车型。

↑韩国前总统卢武铉（左五）观摩 XK2“黑豹”主战坦克

XK2“黑豹”新型主战坦克的火力性能优于 K1A1 主战坦克，它采用了北约标准的 55 倍口径的 120 毫米滑膛炮，配装了自动装弹机，取消了装填手，采用了 3 人乘员组。这种滑膛炮与德国“豹”2A6 主战坦克采用的火炮一致，比 K1A1 坦克采用的 M256 型 120 毫米滑膛炮的身管长出 1.2 米。

该坦克的底盘具有较强的抵御地雷的能力；悬挂系统采用了全液压气动式，并在所有负重轮处配置了液气悬挂装置，提高了减震效果，节省了车内空间；车体两侧各装有 6 个负重轮，可通过调节前后两对负重轮的液气悬挂来改变车底距地高以及车体俯仰角，大大提高了火炮的高低射界；该车将 6 个负重轮的间隔改为相同的间距（K1A1 坦克的前面 3 个负重轮的间距与后面 3 个负重轮的间距不等）。

韩国 XK2“黑豹”主战坦克进行主炮试射

该坦克采用德国 MTU 公司的 MB883 型“欧洲动力组件”，使该车的单位功率达到了 20 千瓦 / 吨，最大公路速度为 70 千米 / 时，比 K1A1 坦克 65 千米 / 时的最大公路速度足足提高了 5 千米。MB883 型“欧洲动力组件”采用模块化设计，使整体结构更加紧凑，在出现问题时可整体吊装检修，非常便利。

采用了单位压力较低的新型履带，并装有履带张紧器，可根据情况及时调整履带的松紧度。另外，韩国江河较多，水中行驶能力十分重要，韩国 XK2“黑豹”新型主战坦克只需在车长出口处安装 4 节潜渡通气管，就可以顺利渡过 4.1 米深的江河，通气管不用时可储存在炮塔后右侧，车辆行驶时不受任何影响。

该坦克采用了指挥仪式火控系统，车长配备有新型周视热像瞄准镜，可超越炮长进行射击。该车具有全天候的“猎－杀”能力，射击反应时间比 K1A1 主战坦克缩短了 45%，在 1 分钟之内交战的目标数目可增加 50%。

该坦克火炮具有很高的首发命中率，行进中对运动目标的首发命中率达到了 90%。该车配装的 120 毫米火炮可发射尾翼稳定脱壳穿甲弹、多用途破甲弹、高爆弹和炮射导弹。在发射穿甲弹时，可穿透两千米距离上 560 毫米的装甲；发射炮射导弹时，可摧毁 8 千米距离上的重型装甲目标或直升机，可见其穿甲威力之大。

韩国 XK2“黑豹”新型主战坦克集先进技术于一身，已跻身于世界先进坦克之列，其性能毫不逊色于美国 M1A2、德国“豹”2A6 和法国“勒克莱尔”等先进主战坦克。目前该坦克即将进入部队操作试验阶段，试验定型后的“黑豹”新型主战坦克的国产率将达到 98%，发动机也将采用韩国自己的产品，2011 年开始批量生产并进入韩军服役。

→韩国江河较多，XK2“黑豹”新型主战坦克在研制之初充分考虑到了这一点，车长出口处安装了 4 节潜渡通气管，可以顺利渡过 4.1 米深的江河。

↓韩国最新型 XK2“黑豹”主战坦克野外训练

# 阿根廷 TAM 主战坦克——“小车装大炮”

## 阿根廷 TAM 主战坦克

[出生地]…………阿根廷
[装备国家]…………阿根廷
[装备时间]…………1979
[乘员（人）]…………4
[战斗全重（t）]…………31
[车长（m）]…………（炮向前）8.23/（车体长）6.78
[车宽（m）]…………（带裙板）3.12
[车高（m）]…………（至炮塔顶）2.42
[最大速度（km/h）]…………72
[最大行程（km）]…………550（带辅助油箱时 900）
[潜渡深（m）]…………4

TAM 主战坦克是联邦德国蒂森·亨舍尔公司为阿根廷陆军研制，由阿根廷特许生产的一种中型坦克，用以替换阿根廷陆军原来装备的美制“谢尔曼”坦克。该车于 1979 年 6 月正式装备部队。阿根廷陆军原计划装备 512 辆 TAM 坦克和 VCTP 步兵战车，但是因为经济原因，只装备了 350 辆。

↑TAM 主战坦克安装 1 门“豹”1 坦克用的 L7A3 型105 毫米火炮，配用脱壳穿甲弹、空心装药破甲弹和榴弹。

TAM 主战坦克采用联邦德国“黄鼠狼”步兵战车底盘。该车有乘员 4 人（车长、炮长、装填手及驾驶员），战斗全重 31 吨。车体为装甲钢板焊接结构。车内由前至后分为动力传动部分、驾驶部分与战斗部分。

驾驶员位于车体前部左侧，有 1 扇向右开启的舱门，舱门前方装有 3 具潜望镜。驾驶室内前部中央有方向盘。

发动机室位于驾驶员右侧，其盖板用铰链铰接，可向右侧打开，便于保养发动机。发动机与传动装置是整体组装的，野外修理时，仅需 15 ~ 20 分钟即可拆卸完毕。

炮塔位于车体中后部，车长位于炮塔内右侧，炮长位于车长前下方，装填手位于左侧。车长有 1 扇舱门和 8 具潜望镜，舱口前面有 1 具 TRP-2A 型周视潜望镜。装填手有 1 扇向后开启的舱门。炮塔左侧有一个舱口，用于补充弹药。车体后侧另有 1 扇安全门，可作紧急出口用，亦可用于补充弹药。

TAM 坦克的车体和炮塔均由装甲钢板焊接而成，可防 20 ~ 40 毫米口径的炮弹及弹片的攻击。车体两侧有履带裙板，首上装甲板倾角较大。此外，动力装置前置，也提高了乘员的生存力。

TAM坦克最大的特色是，安装了1门“豹”1坦克用的L7A3型105毫米火炮，火炮身管上装有热护套和抽烟装置，火炮仰角为+18度，俯角为-7度。105毫米线膛炮可发射北约所有105毫米标准弹，其中包括脱壳穿甲弹、破甲弹和杀伤榴弹。弹药基数为50发，其中20发存放在炮塔内。

↑阅兵式上的TAM坦克，尺寸比较袖珍，看起来小巧玲珑。

TAM坦克内装有三防装置，在核、生、化条件下作战时，可用一个带有空气滤清器的通风装置使车内增压，有害气体及火药硝烟由风扇排出车外。车内除有一手提式灭火器外，还配有固定的灭火系统，用以扑灭动力舱内的火灾。炮塔两侧各装有4具烟幕弹发射器。

TAM坦克采用扭杆悬挂，每侧有6个负重轮和3个托带轮，主动轮在前，诱导轮在后，在第一、二、五、六负重轮处装有液压减震器。履带采用装有可拆卸橡胶衬垫的“迪尔”履带。

←TAM坦克采用装有可拆卸橡胶衬垫的“迪尔”履带

**龙文小百科　欧洲的救世主——美国“谢尔曼”中型坦克**

“谢尔曼”坦克是美国在二战期间研制生产的一种中型坦克，它是二战中生产数量最多的一种坦克，共生产了49230辆。

“谢尔曼”坦克拥有几项世界领先技术。首先炮塔转动装置是二战最快的，转动一周只需要不足10秒钟；其次“谢尔曼”还是二战唯一装备了火炮垂直稳定仪的坦克，能够在行进当中瞄准目标开炮。“谢尔曼”的500马力汽油发动机也是二战最优秀的坦克引擎之一，使“谢尔曼”坦克具有47千米的最高公路时速。这些优点都很有助于机动作战。

二战中后期，“谢尔曼”坦克在反法西斯战场上发挥了重要作用。在欧洲战场上，虽然“谢尔曼”坦克在与德军重型坦克的较量中还有些力不从心，但它的数量多，可以以量补质。在太平洋岛屿争夺战中，美军的“谢尔曼”坦克出尽了风头，日军的97坦克根本不是它的对手。

第二次世界大战后，许多从美军退役的“谢尔曼”坦克成了一些中小国家军队的宝贝，“谢尔曼”遍及世界各地。直到今天，它仍在某些国家发挥着作用。“谢尔曼”坦克与苏联的T-34一样，在世界坦克发展史上占有重要的地位。

↑M4“谢尔曼”中型坦克

# 波兰 PT-91 主战坦克

## ——T-72 家族中的佼佼者

### 波兰 PT-91 主战坦克

[出生地]…………波兰 / 布马拉贝蒂机械工业联合企业
[装备国家]…………波兰、马来西亚
[战斗全重（t）]…………45.3
[车长（m）]…………9.67
[车宽（m）]…………（至履带）3.37
[车高（m）]…………2.19
[车底距地高（mm）]…………430

PT-91 坦克是由波兰南部的布马拉贝蒂机械工业联合企业在苏联 T-72M1 坦克的基础上研制的。

波兰从 1981 年开始仿造苏式 T-72M1 主战坦克，迄今已生产了大约 1600 辆，其中近 800 辆装备本国军队，其余的销往国外。PT-91 坦克除保留了 T-72M1 坦克的技术特点外，还采纳了其他多项改进措施，例如：安装了防破甲弹的爆炸式反应装甲，采用了新型计算机火控系统，改进了车辆底甲板，安装了可防地雷的驾驶员座椅和新型的 1000 千瓦柴油发动机等。

PT-91 主战坦克有乘员 3 人：车长、驾驶员和炮长。车体由前至后分为驾驶室、战斗室和发动机室。驾驶员座椅悬吊在车体上，这样可减小因地雷爆炸引起的车辆震动对驾驶员脊骨的损伤。驾驶员操纵装置包括计算机化的发动机控制和显示系统。此外，该车还安装了 PW-LWD 型火箭排雷系统和推土铲。

PT-91 主战坦克炮塔特写

PT–91 坦克的主装甲为复合装甲，车首和炮塔外部装有爆炸式反应装甲，以提高对穿甲弹和破甲弹的防护能力。波兰研制的反应式装甲有两种，即 ERAWA–1 型和 ERAWA–2 型。含一层炸药的 ERAWA–1 型反应装甲装在履带裙板上，含两层炸药的 ERAWA–2 型反应装甲装在炮塔和车体上。PT–91 坦克反应装甲的覆盖率大于 T–72M1 坦克。

↑阅兵仪式上的 PT–91 坦克

↑ *T–72 坦克装备范围之广、数量之多，是世界上其他任何一种坦克或装甲车辆所无法比拟的，由它所衍生出来的变型车和改进车型也是层出不穷。*

→ *波兰 PT–91 主战坦克。第一辆 PT–91 主战坦克样车于 1992 年底完成。波兰共生产了 226 辆 PT–91 系列主战坦克，其中一部分是在老式的 T–72M1 系列主战坦克基础上升级而成。2003 年 4 月，马来西亚从波兰订购了 48 辆 PT–91M 主战坦克。*

炮塔周围安装了由 4 个传感器构成的激光报警装置，坦克被激光测距仪或激光指示器照射时，即向乘员报警。

炮塔两侧各装有 6 具烟幕发射器，与激光报警装置配用，在激光光路上产生烟幕屏障。动力舱内装有德国制造的灭火抑爆系统。

PT–91 坦克采用一台波兰产的 S–12U 型四冲程、多燃料、水冷超压柴油发动机，功率为 625 千瓦，最大公路速度为 65 千米 / 时。

近期，PT–91 坦克将安装新型的 1000 千瓦柴油发动机，单位功率可望提高到 15.44 千瓦 / 吨。

**其他重要技术数据：**

履带中心距（m）→2.79
履带着地长（m）→4.27
最大公路速度（km/h）→65
最大行程（km）→650
涉水深（m）→5
过垂直墙高（m）→0.85
越壕宽（m）→2.8
爬坡度（%）→30

# 意大利“公羊”主战坦克

## ——物美价廉的主战坦克

### 意大利“公羊”主战坦克

[出生地]…………意大利
[装备国家]…………意大利
[装备时间]…………1990
[乘员（人）]…………4
[战斗全重（t）]…………54
[车长（m）]…………（炮向前）10.45/（炮向后）9.49/（车体长）7.6
[车宽（m）]…………（带裙板）3.61/（不带裙板）3.45
[车高（m）]…………（至炮塔顶）2.5
[车底距地高（mm）]…………480
[主要武器]…………120 毫米滑膛炮
[辅助武器]…………MG-42/59 型 7.62 毫米机枪

“公羊”主战坦克在 1990—1994 年装备意大利陆军，以取代原有的部分 M47 等老式坦克。装备数量约为 300 辆，其中 225 辆装备两个坦克旅和 1 个机械化步兵旅，其余则用作教练车。

“公羊”主战坦克为常规炮塔式坦克，车内由前至后为驾驶部分、战斗部分和动力传动部分。

“公羊”主战坦克的车体和炮塔为钢装甲全焊接结构，车体前部和炮塔采用复合装甲。驾驶员位于车体前部右侧，有 1 扇舱门和 3 具潜望镜，中间的 1 具可更换成 MESVG/DIL186C-1 微光夜视潜望镜。驾驶员左侧为弹药舱。

↓意大利陆军装备的“公羊”主战坦克

炮塔位于车体中央，车长在炮塔内右侧，左侧是装填手位置，车长前下方是炮长位置。炮塔顶部有爆炸波排放板。炮塔左侧有一个补弹窗。车长有 1 扇向后开启的舱门和周视潜望瞄准镜。炮长有 1 具潜望瞄准镜和 1 具望远式瞄准镜。装填手有 1 扇向后开启的舱门和两具顶置潜望镜。

“公羊”坦克采用了先进的新型复合装甲，车体前部倾斜装甲、炮塔前部和侧面的装甲使用了先进的复合材料。炮塔尾舱顶部还装有爆炸波排放板，炮塔尾舱内发生爆炸时可减少损失。保护行动装置上半部分的侧裙板由先进的聚合物复合材料制成，与过去有钢板加强的橡胶裙板相比，在防护水平相当的情况下，重量和费用降低了 40%～85%。

←“采用了先进的新型复合装甲的“公羊”主战坦克

↑威武的“公羊”主战坦克群

“公羊”坦克装有超压式集体三防装置。在通常情况下，通过旋风筒式滤清器过滤进入的空气。在三防情况下，旋风筒式滤清器过滤的空气还需通过一组组合式滤清器。“公羊”坦克内部装有自动灭火抑爆系统。炮塔两侧各有一组 4 具烟幕弹发射装置。

“公羊”坦克安装了奥菲辛·伽利略 TURMS（坦克通用结构组合式组件系统）OG14L3 型指挥仪式火控系统。它主要由以下几个部分组成：伽利略 /SFIM SP-T-694 车长周视双目潜望镜；带激光测距仪、热像仪的炮长昼 / 夜潜望瞄准镜；马可尼 COSMO 数字式弹道计算机；气象和弹道传感器；与火炮并列的辅助光学瞄准装置以及指挥控制面板。

→“公羊”主战坦克上的装甲兵

# 法国 AMX“勒克莱尔”主战坦克

## ——“坦克赛车”

### 法国 AMX“勒克莱尔”主战坦克

[出生地]…………法国 / 伊西莱穆利诺制造厂
[装备国家]…………法国、沙特阿拉伯、阿拉伯联合酋长国
[装备时间]…………1992
[乘员（人）]…………3
[战斗全重（t）]…………54.5
[车长（m）]…………（炮向前）9.8/（车体长）6.88
[车宽（m）]…………（带裙板）3.71
[车高（m）]…………（至炮塔顶）2.53
[车底距地高（mm）]…………500
[主要武器]…………CNl20–26（或 F1）型 120 毫米滑膛炮
[辅助武器]…………12.7 毫米机枪、7.62 毫米高射机枪

AMX“勒克莱尔”主战坦克是法国第三代主战坦克，早在 20 世纪 70 年代初，法国就着手研究新一代坦克，最早提出的是“未来坦克”，并且成立了“未来坦克”研制小组。1977 年，法国陆军分别提出了数种不同的概念。1986 年正式命名为“勒克莱尔”主战坦克，同年开始样车的生产。1988 年开始正式工业化生产，1990 年开始成批生产，1991 年 12 月首批坦克交付法国军方。

AMX“勒克莱尔”主战坦克自投入生产以来，在不断进行改进，先后生产出适应中东热带地区使用的改进型坦克，后又根据本国的需要，对其进行了大量改进，改进后的坦克将称为 MK2 或 21 世纪系列坦克。

法国 AMX“勒克莱尔”主战坦克是当今科技含量最高的坦克。“勒克莱尔”坦克最引以为傲的是它的电子系统，可以说是历史上第一辆电子化坦克。以 FINDERS 战场管理系统为代表，3 台计算机多重数据连接及 GPS 的装置，通过数据总线连接，乘员通过在炮塔内三面内墙上的控制面板和显示屏进行操作，除了自己现在的位置外，就连敌我方的情报、最适合的突击路线和交战区域以及接受补给的地点等信息都可以预先知道，同时，各坦克的位置和情况也会自动传送给后方的司令部。

←行进中的 AMX“勒克莱尔”主战坦克

→“勒克莱尔”主战坦克经典素描

“勒克莱尔”主战坦克最大公路速度达到 73 千米 / 时，也能以 58 千米 /时的平均速度在越野地面上行驶，有“坦克赛车”绰号。它的最大行程达 650 千米，比“豹”2A6 的 500 千米、M1A2 的 470 千米、日本 90 式的 400 千米都远。

越壕宽度显示坦克在堑壕、弹坑密布的战场上的通过性能。“勒克莱尔”坦克能跨 3 米宽壕沟，只有“豹”2A6、“梅卡瓦”Ⅲ与其相同，M1A2 和“挑战者”2 是 2.8 米，而日本 90 式只有 2.7 米。“勒克莱尔”虽重 54.5 吨，但运动起来照样机动灵活，不但能在任何地面上全速运行，甚至可轻松越过 1 米多高的障碍物，同时能有效地躲避袭击。

用“勒克莱尔”主战坦克底盘改装的抢救车

“勒克莱尔”坦克的车体和炮塔采用全焊接钢装甲结构，并增加了附加装甲。因此，它可以抵御动能弹和化学能弹的攻击。车体采用了箱形可拆卸式结构以及低矮扁平的炮塔外形，车体和炮塔的大部分均由复合装甲构成。

←“勒克莱尔”主战坦克的发动机 V8X1500

“勒克莱尔”坦克的防护表面比其他坦克小，可以将每个表面单位的体积增加用防护，在左右 30 度的正面甲板上，坦克的结构将可以抵抗目前市场上所有的最大口径的长杆弹的攻击。

“勒克莱尔”主战坦克的防护除结构和装甲外，还采取了大量的直接和间接措施来使“勒克莱尔”坦克成为难于被探测到的目标，而且即使被探测到，也难于命中，即使被命中，也可在被命中中生存。

火控系统由组件式热成像摄像机、“阿维莫”HL-58G 型激光测距仪和车、炮长稳定式瞄准镜组成。通用电器机械应用公司的 HL60 陀螺稳定式炮长瞄准镜是火控系统的关键部件，它与火炮有机地连在一起。它包括低漂移陀螺仪、高精度数字式传感器、数字处理器与先进传感器。这些部件包括在 3 个独立的组件里，即稳定式瞄准镜头、目标捕捉系统和电子单元。

截止到 2004 年，法军共装备 300 辆，原计划装备 406 辆，后随着法国陆军的改革，装备数量有所减少，到 2005 年年底，装备数量为 355 辆。

**龙文小百科　勒克莱尔**

勒克莱尔（1902—1947），法国元帅。原名菲利普·马里耶·雅克。毕业于圣西尔军校和高等军事学院。第二次世界大战初期任步兵上尉。1940 年受伤被俘。后逃至英国，参加戴高乐领导的“自由法国”运动。同年 8 月前往非洲，化名勒克莱尔，先后任法属喀麦隆总督和法属赤道非洲“自由法国”部队司令。1941 年率部自乍得北上，在沙漠中与意军作战。

1943 年 1 月进抵利比亚首都的黎波里，与英国第 8 集团军会师。同年参加突尼斯战役，组建法第 2 装甲师。1944 年指挥该师参加诺曼底登陆战役，率先攻入巴黎，获“解放者”称号。11 月率部攻克斯特拉斯堡，随后进军德国，协同美军攻占贝希特斯加登。1945 年 7 月任法国远东远征军总司令，9 月代表法国接受日本投降。1946 年 7 月任驻北非法军总监。1947 年死于飞行事故。1952 年被追授法国元帅军衔。

# 巴基斯坦 MBT-2000 “哈利德”主战坦克——中巴结晶

## 巴基斯坦 MBT-2000 “哈利德”主战坦克

[出生地]…………巴基斯坦
[乘员（人）]…………3
[战斗全重（t）]…………48
[车长（m）]…………6.9
[车宽（m）]…………（带裙板）3.4
[车高（m）]…………（至炮塔顶）2.3
[最大速度（km/h）]…………62
[最大行程（km）]…………400
[最大爬坡度（%）]…………31
[过垂直墙高（m）]…………0.85
[越壕宽（m）]…………3
[主要武器]…………ZPT-98 型 125 毫米滑膛炮
[辅助武器]…………7.62 毫米并列机枪、12.7 毫米 高平两用机枪

1988 年 10 月 1 日，巴基斯坦决定自己制造坦克。MBT-2000（P-90）样车于 1991 年 6 月按计划完成，1992 年进行试验。预计初期产量会很低，然后逐步扩大到每年 200～300 辆。初期，65%～70%的关键部件将在巴基斯坦制造，20%～25%的部件将由中国供应，其余部件由其他国家供应。

↑MBT-2000“哈利德”主战坦克威猛的火炮

↓巴基斯坦士兵和他不远处的 MBT-2000“哈利德”主战坦克

MBT-2000“哈利德”主战坦克采用常规炮塔式坦克的结构形式，即驾驶室在前，炮塔居中，动力部分在后。该车战斗全重 48 吨，有乘员 3 人：车长、驾驶员和炮长。

←MBT-2000“哈利德”主战坦克使用的ZPT-98型125毫米滑膛炮与中国陆军ZTZ-99G主战坦克使用的相同。

↑巴基斯坦方面对MBT-2000“哈利德”主战坦克的性能感到非常满意，该坦克也当仁不让地成为了巴基斯坦陆军装甲部队的中流砥柱。

MBT-2000“哈利德”主战坦克的主要武器为装有热护套和抽烟装置的ZPT-98型125毫米滑膛炮。该炮由自动装弹机供弹。该炮可以发射尾翼稳定脱壳穿甲弹（初速为1760米/秒）、破甲弹（初速为850米/秒）和碎甲弹（初速为950米/秒）。弹药基数39发。

火控系统包括稳定式测距瞄准镜、计算机、车长控制面板、激光测距仪、横风传感器、倾斜传感器和角速度传感器，这使MBT-2000“哈利德”主战坦克具有昼/夜间对运动目标的射击能力。

装甲防护采用模块式设计，炮塔和车体为全焊接钢装甲结构。在车首增加一层复合装甲。需要时，该部位还可安装爆炸式反应装甲。炮塔前部装甲厚约600毫米，首上甲板厚度约为450～470毫米。

MBT-2000“哈利德”主战坦克的生产是一个重大成就，标志着巴基斯坦国防实力的进一步提升，将提高巴基斯坦坦克部队的作战能力。据称，“哈利德”主战坦克可与世界任何先进坦克媲美。它火力强、机动性好、具有在各种天气下昼夜作战的能力、防护性能佳。

巴基斯坦用于研制这种坦克的花费大约为2000万美元。它是巴基斯坦塔克希拉坦克厂和中国北方工业公司合作的产物。高层消息来源称，塔克希拉坦克厂目前已具备年产50辆“哈利德”主战坦克的能力。

# 印度“阿琼”主战坦克

## ——南亚次大陆的“钢铁武士”

### 印度“阿琼”主战坦克

[出生地]…………印度
[装备国家]…………印度
[乘员（人）]…………4
[战斗全重（t）]…………58.5
[车长（m）]…………（炮向前）10.19
[车宽（m）]…………（带裙板）3.85
[车高（m）]…………2.32
[车底距地高（mm）]…………450
[主要武器]…………120 毫米线膛炮
[辅助武器]…………TK715A 7.62 毫米并列机枪、12.7 毫米 HCB 高射机枪

1972 年，印度陆军提出研制新型坦克以取代“胜利”式坦克。该坦克原称为“奇塔克”（Chetak），后于 1984 年以印度教传说中的武士“阿琼”命名。该坦克还曾被称之为 MBT80，后又被称为 MBT90。坦克的研制工作由印度战斗车辆研究发展院于 1974 年开始负责实施。

↓正在进行测试的印度“阿琼”主战坦克

印度于2009年2月列装“阿琼”主战坦克，纵观其从正式批准研制到投产，历时30多年之久，相比之下，德国研制“豹”2和美国研制M1所花费的时间都不超过15年。所以，可以毫不夸张地说，“阿琼”在所有的第三代坦克中是最“难产”的。

←↑印度“阿琼”主战坦克

↑“阿琼”主战坦克前视图

“阿琼”主战坦克采用常规炮塔式坦克的结构形式，有乘员4人，他们是车长、炮长、装填手和驾驶员。车体由前至后分为驾驶室、战斗室和动力室。

该坦克采用了印度研制的“坎钱”复合装甲，也可安装爆炸式反应装甲。

炮塔每侧有9具向前发射的烟幕弹发射器，上排有5个发射管，下排有4个发射管。坦克上装有芭芭拉原子研究中心设计和生产的三防系统。为提高战场生存能力，车上还装有自动灭火抑爆系统。为降低火险，弹药全部存储在防水容器内。

**其他重要技术数据：**

单位功率（kw/t）→17.59（MB838Ka-501）
最大速度（km/h）→72
最大越野速度（km/h）→40
最大行程（km）→450
储油量（L）→1610
过垂直墙高（m）→0.9
越壕宽（m）→2.43

“阿琼”主战坦克样车采用了印度研制的第三代火控系统，即指挥仪式火控系统，由激光测距仪、弹道计算机、热成像瞄准镜、稳定式车长周视观察镜和备用望远式瞄准镜等组成，具有行进间打击运动目标的能力，并且具有很高的首发命中概率。

炮长瞄准镜为白光、热成像、激光测距三合一式，瞄准镜的头部反射镜在高低和水平两个方向上稳定。炮长昼用瞄准镜有两个放大倍率，热像仪为车长和炮长提供了夜视观察能力。激光测距仪采用了与炮长瞄准镜一体化设计。

车长周视观察镜也有两个放大倍率，利用双轴速率陀螺，视场可实现双向稳定。该火控系统的传感器种类较多，能向计算机提供多种数据。

炮塔与武器的俯仰采用电动方式，驱动系统由德国FWM公司提供。

印度计划研制的“阿琼”主战坦克变型车还有装甲抢救车、工程坦克、装甲架桥车、防空车和炮兵支援车（其中包括炮兵观察车）。

# 第2章 装甲车

装甲车辆是指具有装甲防护和机动能力的战斗车辆和保障车辆的统称，是现代化陆军的重要装备。它是装有武器和拥有防护装甲的一种军用车辆，按行走机构可分为履带式装甲车和轮式装甲车。装甲车包括坦克、步兵战车、装甲人员输送车、装甲侦察车、装甲工程保障车辆及各种带装甲的自行武器。

# 装甲车——步兵之翼

装甲车辆是指具有装甲防护和机动能力的战斗车辆和保障车辆的统称，是现代化陆军的重要装备。它是装有武器和拥有防护装甲的一种军用车辆。按行走机构可分为履带式装甲车和轮式装甲车。坦克是其中的基本车种，其发展和改进对其他装甲车辆有决定性影响。装甲车包括坦克、步兵战车、装甲输送车、装甲侦察车、装甲工程车及各种带装甲的自行武器。

用安装在装甲车体两侧的履带行驶装置行驶的装甲车辆称为履带式装甲车辆。其由动力传动装置带动主动轮转动，主动轮齿拨动履带链条周转运动，通过履带与地面的相互作用使车辆运动。由于履带与地面接触面积大，附着性能好，单位压力小，具有较高的越野机动性能。

靠轮胎支撑和行驶的车辆称为轮式装甲车辆。与履带式装甲车辆相比，轮式装甲车辆具有公路行驶速度快、油耗低、噪声小、寿命长、使用经济、维修简便、成本低等特点。履带式和轮式装甲车辆均以基型底盘为主，形成车族化、系列化配套装备部队。

装甲输送车是设有乘载室的一种轻型装甲车辆，主要用于输送步兵，也可用于战斗。有履带式和轮式两种，大多数为水陆两用。由装甲车体、武器、通信设备、观察瞄准装置和推进系统等组成。动力装置位于车的前部，车后部为乘载室，其两侧和后部均有射击孔。车上武器有机枪、小口径机关炮。主要用于战场上输送步兵，也可运输作战物资和器材。

装甲侦察车是一种装有侦察设备的装甲战斗车辆，车上一般装有大倍率光学潜望镜、红外夜视观察镜、微光瞄准镜、微光夜视观察系统和热像仪等。

步兵战车是供步兵机动作战用的装甲战斗车辆。它是由装甲输送车发展而来的。装甲输送车上通常没有供乘车步兵使用的射击孔，到达战场后步兵需下车徒步战斗，这就使步兵在某些战场条件下难以协同坦克前进、攻击，并容易受到敌方火力杀伤。步兵战车能使步兵乘车协同坦克作战，增强对敌方装甲目标和反装甲武器的作战能力，提高作战部队进攻速度。

步兵战车按结构分，有履带式和轮式两种，除底盘不同外，总体布置和其他结构基本相同。履带式步兵战车越野性能好，生存能力较强，是现装备的主要车型。轮式步兵战车造价低，耗油少，使用维修简便，公路行驶速度快，有的国家已少量装备部队。

步兵战车由推进系统、武器系统、防护系统、通信设备和电气设备等组成。车体前部安放动力－传动装置，车顶中部安装炮塔，炮塔有单人和双人两种。双人炮塔可容纳车长和炮手，便于车长指挥战斗。步兵战斗室设在车体后部，可载1个步兵班。步兵战斗室两侧和后车门通常开有射击孔，每个射击孔的上方装有观察镜，便于步兵乘车战斗。后车门较宽大，有的采用跳板式，便于步兵迅速、隐蔽地上下车。

**龙文小百科　战车中的大小“明星”**

1. 世界上最早问世的战车，是在中国河南安阳小屯村考古发掘出的夏商之交创制的六乘兵车。

2. 世界上最早问世的步兵战车，是中国明正统十二年（1447）创制的火器战车。

3. 世界上最早问世的坦克，是1915年9月英国制造的“小游民”坦克（定型投产后称为Ⅰ型坦克）。

4. 世界上最早问世的装甲指挥车，是1918年英国研制的V-1型坦克。

5. 世界上最早问世的坦克架桥车，是1918年利用英国制造的V型坦克底盘改制而成的战车。

6. 世界上最早问世的装甲输送车，是1918年年底英国用菱形坦克的车体和军用卡车的底盘改装而成的战车。

7. 世界上最早问世的扫雷坦克，是1918年年底英国在Ⅳ型坦克上安装滚式扫雷器改装而成的坦克。

8. 世界上最早问世的水陆坦克，是1931年苏联制造的T-33坦克。

9. 世界上最早问世的喷火坦克，是在1935—1941年意大利、埃塞俄比亚战争中，意军使用的在CV33超轻型坦克上安装喷火器改装而成的喷火坦克。

10. 世界上最早问世的两栖战车，是1941年1月美国研制的DUKW-235战车。

11. 世界上最早问世的遥控坦克，是1943年德军研制的用无线电控制其行驶，用于破坏路障、炸毁碉堡等工事的BIV遥控爆破坦克。

12. 中国第一辆自行设计研制的主战坦克，是1959年生产定型的59式中型坦克。重36吨，最大行驶速度50千米/时，最大行程440千米，配备有1门100毫米线膛炮、1挺12.7毫米高射机枪、2挺7.62毫米机枪，配有红外夜视仪，可进行全天候作战。

# 美国 AAV7 两栖装甲突击车——“陆上蛟龙”

## 美国 AAV7 两栖装甲突击车

[出生地]…………美国/食品机械化学公司军械分部
[乘员（人）]…………3
[战斗全重（t）]…………24
[车长（m）]…………7.94
[车宽（m）]…………3.27
[车高（m）]…………3.12
[最大公路行程（km）]…………482

AAV7 两栖装甲突击车，美国海军陆战队在 1985 年以前称其为 LVTP-7 履带式人员登陆车，于 1972 年正式列入美国海军陆战队装备。到 1996 年年初，共生产了 1592 辆 AAV7 及其变型车。美国海军陆战队共装备 1153 辆 AAVP7A1 人员输送车、106 辆 AAVC7A1 装甲指挥车和 64 辆 AAVR7A1 装甲抢救车。装备 AAV7 两栖装甲突击车的国家还有亚洲的菲律宾、韩国和泰国，欧洲的意大利和西班牙，南美洲的阿根廷、巴西和委内瑞拉。

AAV7 两栖装甲车车体采用 5083 铝合金装甲全焊接结构，具有对轻武器和炮弹破片的防护能力。车体为全密封结构，外形呈流线型，能在海浪高 3 米的情况下在近海水面上航行，并且全车能浸入水中 10~15 秒钟而不会发生危险。从外廓形状看，AAV7 的最大特点是“像车又像船”，这使它在水上的适航性优于一般的轻型装甲车辆。但是，“甘蔗没有两头甜”，其陆上综合性能总要打些折扣。

水上行驶时，依靠车体后部两侧安装的喷水推进器推进。

从总体布置上看，驾驶员位于车体前部左侧，有 1 个向右后开启的单扇舱门和 7 具周视观察镜，中间的 1 具可换装为 M24 型红外夜视仪。车长位于驾驶员的后部，有 1 个向后开启的舱门和 7 具周视观察镜。射手位于车体中部右侧，操纵射击 12.7 毫米机枪，同样有 7 具周视观察镜。

动力装置位于车体中线靠前的位置上，为 8 缸、水冷、涡轮增压柴油机，型号为 8V–53T，最大功率为 294 千瓦（400 马力），由底特律公司柴油机分部生产。传动装置为 HS400 型综合变速箱，带液力变矩器，有 4 个前进挡和两个倒挡。它同时具有变速、转向和制动功能。

↑AAV7 两栖装甲突击车登陆。

←AAV7 车体高大，缺乏装甲保护和步兵射击口，不适合搭载步兵进入交战火力范围。

发动机的动力经变速箱、侧减速器传递到主动轮，推动履带前进。水上航行时，靠装在车体后部两侧的两个喷水推进器来推动航行。发动机的动力经分动箱、驱动轴带动喷水推进器的泵轮旋转，产生高速水流向后喷出，形成向前的推力。喷水推进器为铝制混流式水泵，加上特制的排水喷嘴，可以获得更大的水上推力。喷水口的排水量高达 52950 升 / 分。每个泵的后部装一个转向导流板，由驾驶员操纵方向盘使电液阀开闭，改变喷水的方向，实现水中转向或倒车。水上最大航速 13.5 千米/ 时，水上最大倒车速度 7.24 千米 / 时。如水上推进器发生故障，也可以履带划水，这时的最大航速只有 7.2 千米 / 时。

其行动装置为扭杆 – 扭管悬挂装置，每侧有 6 个双轮缘负重轮，主动轮在前，诱导轮在后，无拖带轮，第 1、6 负重轮处有液压减震器。履带为单销销耳挂胶式，采用滚道面挂胶和可拆卸的橡胶块。陆上最大速度为 64 千米 / 时，最大行程 482 千米，水上的持续航行时间为 7 小时。

车底最低处有 4 个排水泵，其中的两个是电动式，每个排水量为 379 升 / 分；另外两个为液压式，每个排水量为 435 升 / 分。

在车体的中前部右侧，有 1 个机枪塔，塔上装有单扇后开舱门，除观察镜外，还有 1 具瞄准镜，倍率为 1 倍和 8 倍。车载武器是 1 挺 M85 式 12.7 毫米机枪。

车体后部为载员舱，25 名全副武装的士兵分坐在三排长椅上。中间一排长椅可拆卸，另两排位于两侧，可折叠。载员舱的上方有两个大的矩形舱门。座椅卸下和折叠后，可运载 4536 千克货物。载员主要通过车体后部的跳板式车门上下车，跳板出现故障时，还可以通过其左侧的应急小门上下车。

车体为铝合金装甲全焊接结构，主要部位的装甲厚度为 30~45 毫米。AAV7 上无三防装置，但有红外夜视仪、导航设备和防寒设备等。

AAV7 及其早期型号 LVT-7 有两种变型车：AAVR7 抢救车和 AAVC7 指挥车（早期分别称为 LVTR-7 和 LVTC-7）；AAV7 之改进型 LVT7A1 或者 AAV7A1，也有几种型号：AAVP7A1 装甲人员输送车及其变型车 AAVR7A1 抢救车和 AAVC7A 指挥车。

↑AAV7 两栖装甲突击车俯拍

**龙文小百科　两栖装甲车**

两栖装甲车辆是不用舟桥、渡船等辅助设备便能自行通过江河湖海等水障，并在水上进行航行和射击的履带式装甲战斗车辆。两栖装甲车辆最早出现于第一次世界大战结束之后，当时法国和美国首先试验了一种水陆两用坦克。

坦克和装甲车也像潜艇那样靠密闭车体来获得一定的浮力。由于车体较小，远不如潜艇那样庞大，所以重量不能过大，否则很难保证它具有正浮力。一般水陆两用装甲车辆的装甲都较薄，如 AAV7 装甲车的车体干脆就是铝合金焊接结构。要保证良好的浮力，车辆密封性能尤为重要，一般水陆坦克的通气口等均开在车顶，美国海军陆战队的 AAV7 装甲车能在海浪高 3 米的情况下在近海水面上航行，并且全车能浸入水中 10~15 秒而不会发生危险，可见其浮力储备系数和密闭性能是比较好的。

AAV7 两栖装甲突击车车体为全密封结构

# 美国 M2 型“布雷德利”步兵战车——神甲奇兵

## 美国 M2 型“布雷德利”步兵战车

[出生地]…………美国 / 美国食品机械公司
[装备时间]…………1983—1988
[乘员（人）]…………3
[车长（m）]…………（炮向前）6.45
[车宽（m）]…………3.2
[车高（m）]…………（至炮塔顶部）2.57
[主要武器]………… M242 型 25 毫米链式机关炮
[辅助武器]………… M240C 型 7.62 毫米并列机枪

20 世纪 60 年代初在苏联提出步兵战车的概念并成功研制出世界上第一种步兵战车 BMP—1 之后，美国也提出了发展步兵战车的要求。1979 年 12 月，M2 型步兵战车投产并很快装备美军部队，该车被命名为“布雷德利”战车，以纪念第二次世界大战中的美国陆军名将奥马·布雷德利。

美国 M2 型“布雷德利”步兵战车是美军装备的主要步兵战车。配有 25 毫米自动炮和反坦克导弹发射器、铝合金装甲，最大时速 60 千米。

在美苏百万雄兵对峙欧洲的时代，“布雷德利”步兵战车担负着搭载并掩护步兵行动、伴随主战坦克集群进行机动作战的重任。它拥有适度的装甲和完善的三防装置，能让搭载的步兵免受枪弹、破片以及核生化污染的伤害。它装备的 25 毫米速射炮和 7.62 毫米并列机枪对付人员的效果相当可怕，能够快速扫清临时构筑的野战工事和城市中并不厚实的墙壁。高达 60 千米 / 时的公路速度，使步兵的运动速度甚至可以赶上主战坦克。

“布雷德利”战车当船使

*↑在伊拉克戒备的美军士兵*

*→“布雷德利”步兵战车行进中*

“布雷德利”履带式步兵战车车体为铝合金装甲焊接结构。车首前上装甲和顶装甲采用 5083 铝合金，炮塔前上部和顶部及车首前下装甲均为钢装甲，侧部倾斜装甲采用 7039 铝合金，车体后部和两侧垂直装甲为间隙装甲。

炮塔位于车体中央，稍偏右。炮塔上的武器为 1 门 M242 型 25 毫米机关炮、主炮右侧的 1 挺 M240C 型 7.62 毫米并列机枪，以及炮塔外左侧的 1 个“陶”式反坦克导弹双管发射装置。车长位于炮塔内右侧，炮长位于左侧。车长和炮长各有 1 扇向后开启的舱盖。炮长配有 1 具昼夜两用主瞄准镜和向左观察的 1× 潜望镜。这具炮长主瞄准镜有一个光学支路延伸到车长位置，车长借此可得到炮长主瞄准镜中获得的影像。车长还配有一组 1× 潜望镜，用以进行环形观察。另有 1 具辅助瞄准镜，可在炮长主瞄准镜发生故障时使用。

从 20 世纪 80 年代生产至今，“布雷德利”系列步兵战车已生产了近 6000 辆。在 1991 年的海湾战争中，“布雷德利”战车表现出色，经受住了沙漠气候的严峻考验。在 2003 年“自由伊拉克”行动中，美军由 M1A2 主战坦克和“布雷德利”步兵战车组成的快速机械化纵队，在几个星期内就冲进巴格达，摧毁了萨达姆政权。

驻扎在伊拉克的美军狙击手

“布雷德利”步兵战车面面观

“布雷德利”几乎成为快速攻防转换、强大反步兵火力以及随时可下车作战的美军步兵班组的代名词。

该车未来的改进计划主要是增强火力，技术途径是增大主炮口径与改进火控系统，以便有效地对付未来防护性能增强的敌方步兵战车和空中目标。其他改进项目还有热像驾驶仪、导航装置和新式电台等。一旦上述改进项目实现将命名为 M2A3 型。

该车已经采用和正在试验的变型车有：MLRS 多管火箭炮、M2 防空车、装 35 毫米机关炮的步兵战车、装复合材料车体的 M2 步兵战车、装复合材料炮塔的 M2 步兵战车。

↓M2 型“布雷德利”步兵战车搭载着驻伊美军奔赴战场。

# 美国 LAV-25 步兵战车——家族庞大

## 美国 LAV-25 步兵战车

[出生地]………… 美国
[乘员（人）]………… 3
[战斗全重（t）]…………13
[车长（m）]………… 6.39
[车宽（m）]………… 2.50
[车高（m）]………… 2.69
[车底距地高（mm）]………… 500
[主要武器]………… M242 型 25 毫米“大毒蛇”机关炮
[辅助武器]………… M60 型 7.62 毫米机枪、M60 型 7.62 毫米高射机枪、M2 HB 型 12.7 毫米高射机枪

美国海军陆战队的 LAV-25 轮式步兵战车是国际合作的产物。该车由加拿大通用汽车公司生产，采用瑞士莫瓦格公司的“锯脂鲤”Ⅰ（8×8）装甲输送车底盘，配装美国达尔科公司的双人炮塔，1983 年 10 月开始装备美国海军陆战队。

1980 年，美国为了满足新组建的快速部署部队的需要，决定发展一种轮式步兵战车，供美国陆军和海军陆战队使用。1982 年 9 月，美军正式宣布加拿大通用汽车公司柴油机分部的方案中标，并将该公司提供的“食人鱼”轮式装甲车命名为 LAV-25 轮式装甲车。该车实际上是一种轮式步兵战车，系加拿大通用汽车公司柴油机分部根据瑞士莫瓦格公司的特许而生产的。

*沙漠中行进的 LAV-25 步兵战车*

该车的总体布局为：驾驶员位于车体的前部左侧，动力装置在驾驶员的右侧，双人炮塔置于车体中央，车体的后部为载员室。

车体和炮塔均为钢装甲焊接结构，装甲厚度为 10 毫米。车体正面可抵御 7.62 毫米机枪弹的攻击，其他部位能防榴弹和炮弹破片的攻击。虽然该车的装甲较薄，但其具有很高的车速，低矮的车身隐蔽性也很好，因而不易被击中。

车首装有防浪板，在水中行进时，靠车体后部的两台喷水推进器推进，水上最大速度 10.46 千米 / 时。驾驶员有 3 具潜望镜，中间的 1 具潜望镜可更换为被动式夜视仪。

*C-17 运输机一次可以运载 6 辆 LAV-25 步兵战车*

该车采用通用汽车公司的“阿里逊”MT-653DR 液力机械传动装置，有 5 个前进挡和 1 个倒挡。在变挡过程中，这种自动变速机构有着迅速、可靠和平稳，能在负荷下换挡，而且具有换挡冲击小、功率损失少等多种优点。传动装置还可避免车辆在沙漠或沼泽地行驶时频繁换挡。

LAV 步兵战车家族具有很好的战略机动能力，是一种适合空中部署的车辆。仅用 14 架 C-5A 运输机一次就能把一个轻型装甲步兵营运送到世界各地。C-5A 大型运输机每次可运载 8 辆 LAV 步兵战车，C-17 运输机每次可运载 6 辆，C-141 每次可运载两辆，C-130 每次可运载 1 辆，美国海军陆战队的 CH-53E 运输直升机每次也可吊运 1 辆。

LAV-25 步兵战车可进行低空伞降着陆，并在着陆后 12 分钟内可立即投入战斗。该车还可从 2414 千米的高空空投到指定地域，着陆后也只要 12 分钟的准备时间就可投入战斗。这种高度的战略机动能力便于美军快速建立作战部署，以达到向热点地区快速投送兵力之目的。

1989 年美国侵略巴拿马期间曾有 LAV-25 步兵战车的身影出现在战场上。1991 年海湾战争中，美国海军陆战队装甲步兵营再次参加了战斗，共投入 300 多辆 LAV-25 轮式步兵战车参战。海湾战争使用证明，LAV-25 轮式步兵战车的机动性非常可靠。参战的 210 辆 LAV-25 轮式步兵战车，战场的可用率达 88%～98.5%，地面作战中的可用率高达 94%以上。

↑*LAV-25 步兵战车精美海报*

但其不足之处也引起了美军的重视。为了提高LAV-25的火力和防护力，美军不断对其进行改进：披挂附加装甲、加装防护衬层，以增强对乘员的防护；移植机载“九头蛇”70毫米19管火箭，以增强该车的攻击力。另外还增加了车外油箱、配装了伪装篷布，进一步提高了该车的作战能力。

目前，LAV轮式步兵战车已发展有多种变型车。装备美国海军陆战队的变型车有：反坦克导弹发射车、迫击炮车、装甲输送车、后勤支援车、装甲维修抢救车和防空车、装甲指挥车等。

**其他重要技术数据：**

单位功率（kw/t）→15.8
最大公路速度（km/h）→100
最大水上速度（km/h）→10.46
最大行程（km）→668
最大爬坡度（%）→35
过垂直墙高（m）→0.5
越壕宽（m）→2.06
最小转向半径（m）→7.7

# 俄罗斯 BMP-3 步兵战车——“红色猛兽”

## 俄罗斯 BMP-3 步兵战车

[出生地]…………俄罗斯
[装备国家]…………俄罗斯、阿拉伯联合酋长国、科威特
[装备时间]…………1979
[乘员（人）]…………3
[战斗全重（t）]…………18.7
[车长（m）]…………6.72
[车宽（m）]…………3.23
[车高（m）]…………2.57
[车底距地高（mm）]………… 190 ~ 510
[最大速度（km/h）]…………（前进挡）70/（倒挡）20
[水上速度（km/h）]…………10
[最大行程（km）]…………600

BMP-3 步兵战车为苏联第三代履带式步兵战车，20 世纪 80 年代初开始研制，1986 年投产，1990 年 11 月在红场阅兵式上首次露面。投产前，该车在各种实战条件下进行了大规模的野外试验，其性能较之 BMP-2 第二代步兵战车又有了很大的提高。特别是在总结阿富汗战争经验的基础上研制的，既可作为 T-80 主战坦克的支援协同车辆，又可执行独立的机动作战任务。

步兵战车是装甲车辆家族中仅次于主战坦克的重要一员。在当今世界步兵战车大家庭中，谁执牛耳？有人说：数美国的 M2 型“布雷德利”步兵战车最厉害。可是，俄罗斯军方人士说：“M2 根本不是 BMP-3 的对手。”

苏联 / 俄罗斯研制的 BMP-1、BMP-2 和 BMP-3 步兵战车，堪称是俄罗斯步兵战车“三兄弟”，是世界上最先发展了三代的步兵战车。BMP 系列步兵战车，也是世界上装备数量最多、装备国家最多的步兵战车。其中尤以 BMP-3 步兵战车性能最为出众，堪称步兵战车中的“红色猛兽”。

↓俄陆军的 BMP-3 步兵战车。据估计，截止到 2002 年，该车共生产了 1000 辆以上。1990 财年，该车的单车价格为 80 万美元，1999 财年也只有 80.8 万美元。

BMP-3 步兵战车可通过米 -26 重型运输直升机运输，也可由降落伞在指定地点降落。BMP-3 步兵战车车体和炮塔采用全焊接的铝合金和钢装甲结构。车体前面拥有良好的流线型斜甲板，车体侧面呈垂直结构。驾驶员位于车体前部居中，并为他设置了一个可向右开启的单扇舱门，配有 5 具潜望镜，可观察车体前方和两侧的情况。车体后部装有一台 YTD—29M 型 10 缸柴油发动机，输出功率为 373 千瓦，单位功率 19.918 千瓦 / 吨。

该车拥有超强的火力，武器系统包括 2 K 23 系统，即 1 门 2 A 70 型 100 毫米滑膛炮、1 门 2 A 72 型 30 毫米机关炮和 1 挺 П К Т 7.62 毫米并列机枪。这些武器系统全部安装在共用的炮塔上。

*BMP-3 步兵战车*

BMP-3 步兵战车可水陆两用，借助车后水上推进器在水中行驶，行驶前将车首的防浪板升起。可选设备包括在炎热气候条件下使用的空调系统。

该车火控系统包括观瞄仪、用于射击空中和地面目标的瞄准具、复合观察仪、电动双向稳定器、1B539 数字式弹道计算机、1 д 16—2 激光测距仪以及观察和方位判定仪器（用于车体前部独立安装的机枪，首次采用了具有光导纤维成像系统的棱镜），该系统确保了武器系统能够在停止和行进间有效地攻击地 - 空目标。

标准设备配置包括可向排气口喷射柴油的热烟幕系统、核生化防护系统和车体前端配有挖壕铲刀的自抢救 / 自挖掘装置。载员室和动力传动室各装有一套灭火抑爆系统。为提高 BMP-3 步兵战车的防护能力，该车还配备了由顶置多向雷达传感器组成的名为“竞技场”（Arena-E）的系统，用于持续扫描入侵弹头（反坦克导弹、榴弹或速度为 70 ~ 700 米 / 秒的任何弹药）。

BMP-3 的底盘具有多用途性，可作为特种车辆的底盘使用，如指挥车、修理车、疏散车等。为了满足国内、国际市场需求，该车现在仍在继续生产。其底盘也在市场上销售。鉴于经济原因和常规武器数量条约的制约，加之车辆本身技术的复杂性，俄罗斯可能仅维持 BMP-3 小批量生产。

# 俄罗斯 BTR-80 装甲输送车

## ——火力机动皆强

### 俄罗斯 BTR-80 装甲输送车

[出生地]…………苏联 / 高尔基城高尔基汽车厂
[乘员（人）]…………2
[战斗全重（t）]…………13.6
[车长（m）]…………7.65
[车宽（m）]…………2.9
[车高（m）]…………2.35
[车底距地高（mm）]…………470
[最大公路速度（km/h）]…………80
[最大水中速度（km/h）]…………9
[最大公路行程（km）]…………600

苏联 BTR-80 于 1987 年 11 月在莫斯科红场阅兵式上首次亮相，这是一种 4 轴、8 驱的装甲输送车，由 BTR-70 轮式装甲输送车改进而成，1984 年装备使用。

↑BTR-80 装甲输送车

BTR-80 装甲输送车是俄罗斯军队装备较多的轮式装甲输送车。单人炮塔上安装了 14.5 毫米重机枪和 7.62 毫米并列机枪。炮塔内装有昼间瞄准镜 1 个，观察镜 2 个。对付地面目标时，重机枪的射程可达 1000 米。车上还装有防空导弹发射架、8 支自动步枪、反坦克火箭筒、手榴弹和信号弹。炮塔的后部外侧安装了 6 个烟幕弹发射器。

车体和炮塔装甲可防步兵武器、地雷和炮弹碎片。在核、生、化环境中作战时车体和炮塔可迅速密闭，保证了车内有超压的新鲜空气。

车内还装有灭火装置、伪装器材、生活保障装置、排水设备，还另外腾出位置放置了 3 个饮料桶、10 个口粮袋、3 件救生背心、10 个行囊和车辆备用工具及附件。车前装有自救绞盘。

←BTR-80 装甲输送车上的俄罗斯士兵们

←→BTR-80装甲输送车山地伪装示例

**龙文小百科　装甲输送车的发展趋势**

装甲输送车诞生于20世纪初，主要是为了解决步兵和坦克的协同作战而发展起来的车型。装甲输送车设有乘载室，主要用于战场上输送步兵，也可以用来运送物资、器材，有“战场出租车”的绰号。具有高度的机动性、一定的火力，必要时也能用于战斗。装甲输送车分履带式和轮式两种，在机械化步兵（摩托化步兵）部队中，装备到步兵班。

→BTR-80是一种4轴、8驱的装甲输送车。

BTR-80具有很好的机动性、水上行驶能力，亦可空运。水上靠车后单个喷水推进器推进，速度为9千米/时。当通过浪高超过0.5米的水障碍时，可竖起通气管不让水流进入发动机内。防沉装置可保证车辆在水中损坏时不会很快下沉。

BTR-80曾在阿富汗战争中立下汗马功劳，在科索沃战争中，俄罗斯军队就是使用这种运输车抢占科索沃普里什蒂纳机场的。

# 俄罗斯 BTR-90“罗斯托克”装甲输送车——21 世纪新型战车

## 俄罗斯 BTR-90“罗斯托克”装甲输送车

[出生地]…………俄罗斯 / 阿尔扎马斯克机械制造厂
[乘员（人）]…………10
[战斗全重（t）]…………20.92
[车长（m）]…………8.05
[车宽（m）]…………（带裙板）3.1
[车高（m）]…………（至炮塔顶）3.04
[最大速度（km/h）]…………100
[最大行程（km）]…………800
[最大爬坡度（%）]…………30
[过垂直墙高（m）]…………0.8
[越壕宽（m）]…………2.1

BTR-90“罗斯托克”装甲输送车是一种为适应 21 世纪现代化战争形式而发展的轮式战斗车辆。在俄罗斯，无论是机械化步兵部队，还是海军陆战队，都在使用 BTR-90 装甲输送车，以用作火力支援、人员输送、战场监视、侦察以及执行其他特种任务。这种高机动性的轮式战斗车辆有许多执行不同任务的变型车。车上还为执行战斗任务、指挥控制、通信、技术勤务以及医疗救护任务的部队提供优良的装甲防护。

在 2004 年 9 月 27 日开幕的第 7 届土耳其国际陆军武器展上，俄罗斯展出的 BTR-90 型新式装甲输送车吸引了众多观众的眼球。该型运输车集中体现了俄罗斯装甲车辆制造业的最好研究成果和理念，堪称 21 世纪的新型战车，目前在全世界尚无同类产品。

*BTR-90“罗斯托克”将成为未来俄罗斯陆军最主要的轮式战车，用于非常规作战。*

BTR-90 沿用了其前辈 BTR-80 的底盘。该型底盘结构牢固，目前以其为基础已成功研制了系列轮式装甲车，包括传统的指挥车、辐射和化学侦察车、装甲维修车以及移动指挥观察所和卫星通信中继站。

BTR-90 装甲输送车具有密闭的装甲车体，它由优质的焊接钢装甲板加工而成。车体呈流线型，能够可靠地防护轻兵器火力和炮弹碎片的攻击。车体前部上装甲板为整体结构，前下装甲板倾斜角设计合理，大大增强了车辆的防护能力。动力装置位于车辆的后部，战斗室在前，乘员舱在车体的中部。

→俄罗斯 BTR-90 装甲输送车的总体作战性能已超过了现役的轻型坦克。

BTR-90 装甲输送车总设计师亚历山大·米夏金说，虽然裁减兵员是和平与发展的需要，但地缘政治的千变万化导致地区冲突仍然频繁，这就要求建造高机动性、能够有效地完成现代战斗任务的装甲车。他预料，在 21 世纪初，BTR-90 装甲车将成为俄陆军武器的重要组成部分。

BTR-90 装甲输送车重 20.92 吨，装有功率为 375 千瓦的柴油发动机，路面最大行驶速度达 100 千米 /时，在遭到严重破坏的路面上行驶仍可达到 50 千米 /时。

BTR-90 可随时越过水中障碍，在 4 个轮胎完全损坏的情况下仍具有战场转移能力。它可运送 10 名全副武装的士兵，每个步兵乘坐的空间比过去的俄制战车增加了 50%，这对外观轮廓没有多少增加的 BTR-90 而言实在是不小的突破。车辆的减震系统得到一定程度改善。对俄军官兵而言，在路况很差的俄罗斯外高加索地区行驶，这实在是个福音。

BTR-90 装甲输送车内有凯夫莱防剥落衬层，并可披挂被动附加装甲。它具有全方位抵御 14.5 毫米机枪弹的防护力，披挂附加轻质陶瓷复合装甲后，能防 RPG-7 反装甲火箭弹攻击。整车造型更加简洁流畅。针对车臣战场上经常遇到地雷袭击事件，车体底部和载员座椅采取了有效防反坦克地雷伤害的措施。

与其前辈相比，BTR-90 最大特点还在于其强大的武器系统。该车配备的武器有 1 门 30 毫米口径的 2A42 型机关炮、1 具 AGS-17 榴弹发射器、1 套“竞技神”反坦克导弹系统和 1 挺 7.62 毫米机枪。据测试，其总体作战效能已超过了现在的轻型坦克。

# 俄罗斯 BMPT 坦克支援车——烽火雷霆

## 俄罗斯 BMPT 坦克支援车

[出生地]…………俄罗斯 / 乌拉尔运输机械设计局、乌拉尔瓦贡扎沃德公司
[战斗全重（t）]…………47
[乘员（人）]…………5
[最大速度（km/h）]…………65
[作战距离（km）]…………550

BMPT 坦克支援车 2002 年在下塔吉尔国际武装展览会上首次亮相，就引起了各方的广泛关注和潜在用户的浓厚兴趣。俄陆军总司令阿列克谢·马斯洛夫此前曾表示，到 2010 年俄军将装备一个连的坦克支援车，尽管这只是沧海一粟，但毕竟是一种具有革命意义的全新武器装备。军方不但要对 BMPT 战车进行测试，还将把它们投入到军事行动中，以便找出最好的使用战术，制定出与其他武器，首先是坦克协作的原则，如果需要，将对其武器、装备进行调整。

总之，俄将把它作为主战武器，而不只是可有可无的“坦克伴侣”，这在世界上还属首次。

↑BMPT“坦克伴侣”的诞生与坦克的发展跟第一次车臣战争的惨痛教训有关。

↓BMPT 坦克支援车火力强大，绰号“死亡联合收割机”。

←以俄罗斯 T-72 为底盘的 BMPT 坦克支援车

BMPT“坦克伴侣”的诞生与坦克的发展跟第一次车臣战争的惨痛教训有关。在强攻车臣首府格罗兹尼的战斗中，俄罗斯第131坦克旅约50辆坦克和战车被车臣武装分子击毁，主要原因是装甲车辆在巷战中没有得到持续的火力掩护、没有空中支援、也没有可扫射高楼火力点的战斗支援保障。

演习中的BMPT坦克支援车

BMPT坦克支援车是针对这种状况，在T–72主战坦克的底盘上开发的一种用来支持装甲部队的新型战车。BMPT坦克支援车可以有效对抗反坦克小组、低空飞机和直升机，主要用于协助坦克作战，同时也可以完成维和与反恐等军事任务。

BMPT拥有最新式坦克T–90的驱动系统，具有良好的越野性能，在无障碍越野路上时速可达60千米，可翻越高达1.5米的路障；其装甲性能与T–90型坦克相仿，但因为车身低于坦克，因此避弹功能较强。

该车最突出的特点就是炮塔上的武器系统的最优化结构、具有超强火力和超过某些现代主战坦克的优异防护性能。火力系统包括由2A42型30毫米自动化火炮、新一代“帘子线”7.62毫米机枪以及穿透力超强的“强攻–S”型反坦克导弹系统构成的固定武器系统，和由两名操纵员控制，可保障摧毁1000~1200米距离内的各种目标的AG–17D型自动化榴弹发射器的随车军械。

BMPT坦克支援战车防护性能较好，车体正面部分由带固定式动力防护系统的聚合装甲防护，动力装甲防护箱沿车体投影装配，尾部则有格栅状反聚合装甲挡板。新型坦克支援战车在结构上实现了一体化火控系统配置，同时还装备有现代化热视仪、自动化消防系统、大规模杀伤性武器防护系统。乘员共有5人：车长、瞄准手、机械师兼司机、两名榴弹发射器操纵员。动力装置采用车里雅宾斯克机械制造厂生产的最新型V–92S发动机。

## 龙文小百科 第一次车臣战争

车臣共和国是俄罗斯89个联邦主体之一，位于北高加索地区，面积约2万平方千米，车臣富产石油，又是通往中亚各地油气管道和铁路运输的枢纽，战略地位十分重要。人口120多万，居民多信奉伊斯兰教，与信奉东正教的俄罗斯种族及文化都大有不同，也正因此，车臣闹独立的人士层出不穷。1991年10月杜达耶夫当选车臣总统，并于11月宣布车臣脱离俄罗斯联邦，成立独立的车臣共和国，由此引发了一场旷日持久的车臣危机。

由于杜达耶夫在车臣奉行与俄联邦中央相对抗的政策，并招兵买马，成立自己的武装。1994年12月，俄罗斯政府为了阻止车臣匪帮的分裂活动出兵车臣，第一次车臣战争爆发。自1994年12月战争爆发到1996年12月俄军撤出车臣，俄军阵亡2837人、伤13270人、失踪337人、被俘432人，损失飞机5架，作战直升机8架，坦克、装甲输送车、步兵战车和装甲侦察车500余辆；车臣武装分子死亡15000人，受伤、被俘40000人。而西方估计俄军的死亡人数超过万人。而对于俄罗斯最惨痛的失败是大规模军事行动未能达到目的，为以后连年的恐怖活动埋下祸根。

←车臣战争中的俄罗斯士兵

↓车臣战争中被毁的城市和迷茫的士兵

BMPT战车可以在5000米开外摧毁敌方坦克或者永久性防御工事，在武装直升机配合下能够彻底清除直径3千米之内的所有有生力量。据俄方专家评价，一辆BMPT坦克支援车的战斗力相当于6辆装甲车或者一个排，也正因为如此，军界人士称之为战场上的“死亡联合收割机”。有了“死亡联合收割机”的掩护，俄强大的T–90坦克无疑如虎添翼。

# 德国“黄鼠狼”步兵战车

## ——虎豹群中黄鼠狼

### 德国“黄鼠狼”步兵战车

[出生地]…………德国
[装备国家]…………德国、阿根廷
[乘员（人）]…………3
[战斗全重（t）]…………29.2~33.5
[车长（m）]…………（炮向前）6.79~6.88
[车宽（m）]…………（带裙板）3.24~3.38
[车高（m）]…………（至炮塔顶）2.99~3.02
[主要武器]…………Rh202 型 20 毫米机关炮
[辅助武器]…………MG3 型 7.62 毫米并列机枪、7.62 毫米遥控机枪

早在第二次世界大战末期，联邦德国就创建了装甲步兵，并发展了一种独特的战术。这种战术思想认为，装甲步兵必须乘坐专用的战斗车辆，在行进间的车辆内进行战斗，提高推进速度，有效地配合坦克作战，完成战场上的各项任务。

“黄鼠狼”步兵战车于 1971 年 5 月正式列入联邦德国陆军装备，用以替换老式的 HS–30 和 M113 装甲输送车。共装备“黄鼠狼”步兵战车 2136 辆。

德国人喜欢以动物来命名装甲战车，尤其喜欢以凶猛的动物命名。早在第二次世界大战期间，德国人就研制出“黑豹”战斗坦克、“虎”式重型坦克。二战之后，德国人先后研制出世界知名的“豹”1、“豹”2 主战坦克。在这个“动物园”里，还有一个很有名的成员，它就是“黄鼠狼”步兵战车。

“黄鼠狼”步兵战车是西方国家军队中最早装备的步兵战车。它也是一种很有特色的步兵战车，最突出的一点，它是世界上最重的步兵战车之一，也是世界上装甲最厚的步兵战车，净重 28.2 吨，比后来装备部队的美国 M2、英国“武士”、日本 89 式、俄罗斯 BMP–3 和瑞典 CV90 等步兵战车都要重。车体和炮塔高度较高，主要是考虑欧洲人高大、强调乘坐舒适的结果，这和苏制步兵战车过分强调外形低矮，形成鲜明对比。

*“黄鼠狼”A5 步兵战车*

“黄鼠狼”步兵战车车体为装甲钢全焊接结构，车内由前至后分为发动机室（右）—驾驶室（左）部分、战斗部分（炮塔吊篮和载员室）。

炮塔位于车体中部，该炮塔为双人旋转炮塔。车长在右，炮长在左。炮塔上部装有 1 挺机枪和 1 门机关炮，以及机枪装弹机和机关炮装弹机；中部有机枪弹箱、机关炮弹药箱以及弹链输弹机构；下部右侧有车长座，左侧有炮手座。乘员与武器之间是密封隔绝的，以防止射击时产生的火药气体进入乘员舱内。

*“黄鼠狼”步兵战车抢滩登陆*

火控装置布置在炮塔中央，既可供炮手又可供车长操作。它包括火炮瞄准装置、武器遥控装置和观瞄装置。炮塔上有 6 具大潜望镜，其中炮手侧面 3 具，车长后部 3 具。5 具小潜望镜位于车长门前，构成一个半圆形的观察扇面。炮塔顶部装有红外 / 白光探照灯和烟幕施放装置。

*“黄鼠狼”A3 步兵战车*

*德军装备的“黄鼠狼”步兵战车*

“黄鼠狼”步兵战车为能协同“豹”式主战坦克作战，采用与轻型坦克相同的装甲防护。其车体由钢装甲板焊接而成，前甲板厚 30 毫米，可防 20 毫米小口径炮弹，其余部分可防步兵轻武器和炮弹破片。车体两侧装有裙板，对车体和行动部分增强了防护能力，特别是能够防空心装药破甲弹。该车有 1 个较大的尾门，载员可迅速安全地下车投入战斗。

该车通常不能水陆两用，借助装在车体两侧和车首倾斜装甲板上的浮囊可以浮渡。在发动机进气口上安装进气筒后，潜水深度可达 2 米。

“黄鼠狼”有一个庞大的家族，除有 A1、A1A、A2、A3 四种改进型（有时为了和后来的“黄鼠狼”2 型相区别，也称为“黄鼠狼”1A1、1A1A、1A2、1A3）外，还有 10 多种变型车。

# 德国“山猫”装甲侦察车——双头怪物

## 德国“山猫”装甲侦察车

[出生地]…………德国
[装备国家]…………德国
[装备时间]…………1975
[乘员（人）]………… 4
[战斗全重（t）]…………19.5
[车长（m）]…………7.74
[车宽（m）]…………（不带裙板）2.98
[车高（m）]…………（至车体顶）2.13/（至机枪）2.91
[最大行程（km）]…………730
[车底距地高（mm）]…………（车体）440/（轴）580
[主要武器]…………Rh202 型 20 毫米机关炮
[辅助武器]…………MG3 型 7.62 毫米机枪

1964 年，联邦德国国防部在通用化思想的指导下提出研制供 20 世纪 70 年代使用的新一代轮式军用车辆系列的要求。

戴姆勒·奔驰公司的样车于 1971 年 1 月获得定型投产的资格，并命名为“山猫”。1973 年 12 月，联邦政府与莱茵金属公司（即现在的蒂森·亨舍尔公司）签订了价值 3 亿德国马克的合同，购置 408 辆“山猫”装甲侦察车。生产自 1975 年 5 月开始，至 1978 年结束。

联邦德国的侦察部队在第二次世界大战时开始装备装甲轮式车，虽然战斗力还很弱，但是在当时的闪电战中不仅能充分发挥其机动性，而且还能深入敌人腹地，起到对敌奇袭并引起敌人混乱的作用。德国陆军意识到侦察部队渗透力的强弱是闪电战成功的关键，于是研制成功了专用侦察车辆——“山猫”装甲侦察车。

该车车体为钢板和铸造壳体焊接结构，车内分为 4 个部分：前、后驾驶部分、战斗部分和动力部分。前驾驶室位于车辆左前方，顶部有一窗盖，窗盖前面有 3 具潜望镜。后驾驶室在车辆左后方，也有一个顶窗盖和 3 具潜望镜。驾驶员座椅、方向盘和操纵装置安装在一个升降机构上，可根据开窗或闭窗驾驶的需要进行升降。为保证驾驶员在升座和降座驾驶时能通过潜望镜观察道路情况，并能赋予机关炮大的仰角，车体前、后顶部均设计成倾斜式的。

→“山猫”装甲侦察车在泥泞中前行

该车采用莱茵金属公司的TS–7型炮塔，它位于车体中前部，为间隙装甲焊接结构，其上装有1门20毫米机关炮及弹舱、输弹机和抛壳装置，武器部分与乘员间用气密隔板隔开。车长在炮塔内左侧，炮长在右侧，各有1扇向后开启的顶舱门。为便于车长观察，指挥塔门比炮塔顶高80毫米。炮长门四周，从瞄准镜起向右，分布有5具观察潜望镜。车长门四周有1具潜望瞄准镜和7具观察潜望镜。

车内实行隔舱化，动力传动部分与战斗部分间分别用气密隔板隔开，以加强对乘员的防护。此外，车轮间安装有填充了泡沫密封剂的浮箱，加强了对车体侧面的防护。车内装有三防系统，可将经滤清的空气输送至战斗室中形成超压，以阻止未滤清空气进入。炮塔两侧各有4具烟幕掷弹筒。

“山猫”装甲侦察车机动训练

动力传动部分位于炮塔后方，用气密隔板与战斗部分隔开。顶部有1个向右开启的长方形舱盖。发动机、传动装置、空气滤清器和机油滤清器为整体安装，并采用了快速连接器，便于拆装。散热器和风扇在车体后部。

火控装置包括方向分划盘、方位角传感器和高低角传感器。这些仪器用于指示炮塔，相对于车体的方位角和机关炮的高低角，也可用来装定这两个角度，并且可以起车廓限制和射角限制的作用。

**龙文小百科　装甲侦察车**

装有侦察设备的装甲战斗车辆。主要用于实施战术侦察。分履带式和轮式两种。现代装甲侦察车装有多种侦察仪器和设备。装甲侦察车的外廓尺寸小、重量轻、速度快。战斗全重6～16吨，个别的达19.5吨，乘员3～5人。车上通常装有20～30毫米机关炮和7.62毫米机枪，有些车装有76～105毫米火炮或14.5毫米机枪。

“山猫”装甲侦察车采用整轴结构和螺旋弹簧悬挂，各轮装有液压减震器，各轴的悬挂可互换，后车轮紧靠车体，便于超越垂直障碍。轮胎为标准的14.00×20高压耐磨轮胎，被子弹击穿后仍能依靠坚固的胎壁行驶。

1982年宣布为“山猫”采购423套热像仪(1984年63套，1985年、1986年和1987年各120套)，并取消炮塔左侧的红外探照灯。改进后的车型称为“山猫”A2。

# 德国“鼬鼠”2反坦克空降战车

## ——德意志小精灵

### 德国“鼬鼠”2反坦克空降战车

[出生地]…………德国/波尔舍公司
[车长（m）]…………3.31
[车宽（m）]…………（不带裙板）1.82
[车高（m）]…………（至机枪）1.9
[最大速度（km/h）]…………75
[最大行程（km）]…………300
[最大爬坡度（%）]…………31

在当今世界各国的装甲战车中，德国的“鼬鼠”系列空降战车独树一帜，是现役装备中最轻的履带式装甲战车，目前有“鼬鼠”1和“鼬鼠”2两代。

“鼬鼠”系列空降战车的显著特点是轻便灵活，便于空运，具有较高的机动性。一架CH-47或CH-53G重型直升机能空运两辆，全部装载时间只需1分钟，也可在直升机外吊运1辆，此时乘员不在车内。它还能用C-160、C-130运输机空运、空投。空投时车体固定在一个托架上，托架底板与车体底部之间放有缓冲器。

“鼬鼠”2的战斗全重为4.1吨，最大有效载荷为1吨。该车车内空间较大，可容纳7名士兵。该车轮廓较低，单位地面压力较小，比较适合在雪地和沼泽地上行驶。“鼬鼠”2有多种变型车，包括装甲输送车、救护车、指挥车、反坦克导弹发射车、防空导弹发射车、自行迫击炮、武器运载车等。“鼬鼠”2的最大优点是能够在比较危险的地区以无人化自主模式作业。

↑“鼬鼠”2自行迫击炮是“鼬鼠”2空降迫击炮作战系统的核心。

←↑德国国防军“鼬鼠”2反坦克空降战车

“鼬鼠”2 自行迫击炮是“鼬鼠”2 空降迫击炮作战系统的核心，由莱茵金属地面系统公司研制，能够快速空运部署。该武器系统能为空降部队和突击队提供高度灵活的火力，明显增强其突破和防御能力。

它的主要武器是 1 门 120 毫米迫击炮，采用炮尾装填，最大射程 8 千米。莱茵金属武器和弹药公司专为该炮研制了新型弹药，包括采用多功能引信的改进型高爆弹、新型照明弹、子母弹(最大射程 3~6 千米)。这些炮弹未来将采用可编程引信。车上一共携弹 27 发，其中包括 2 发制导炮弹。

↑→“鼬鼠”2 自行迫击炮

在“鼬鼠”2 空降迫击炮作战系统中，网络化的作战结构是其最大特点，可确保位于不同地点并彼此独立作战的指挥车保持不间断的联系，并持续交换重要的任务数据。德国陆军的 FaIntSysH 指挥与信息系统把迫击炮和更高层次的指挥中心连接在一起，提供有效作战所需要的重要信息。系统网络将生成的侦察数据与外界交换并和外部信息源进行对比，不间断地为迫击炮提供最新的任务数据，使后者能够对不断变化的威胁和环境作出快速灵活的反应。

“鼬鼠”前观车采用了综合观测设备（高分辨率昼用摄像机和第三代热成像设备)，可独立侦察目标，并把坐标和图像发送给空降迫击炮作战系统的指挥车。连级指挥车、排级指挥车和火控车的乘员共同确定所要采取的行动，包括向迫击炮下达射击任务。在外科手术式的作战行动中，为了避免附带毁伤，需要最大限度的精度，用于侦察和识别目标的“鼬鼠”2 前观车可装备附加的激光目标指示器。在更广的作战环境下，该车还可用作前沿空中控制车，为空军和海军使用的激光制导炸弹照射目标。

# “非洲狐”装甲侦察车——一枝独秀

## “非洲狐”装甲侦察车

[出生地]…………德国、荷兰
[装备国家]…………德国、荷兰
[战斗全重（t）]…………10.5
[车长（m）]…………5.58
[车宽（m）]…………2.55
[车高（m）]…………（车全高）2.29/（至车顶）1.79
[车底距地高（mm）]…………405
[主要武器]…………HK40 毫米自动榴弹发射器、FH “赫斯塔尔”12.7 毫米机枪
[辅助武器]…………7.62 毫米机枪

“非洲狐”装甲侦察车，源自 20 世纪 80 年代德国陆军对轻型装甲侦察车的需求。德国陆军要求轻型装甲侦察车具有比“山猫”式侦察车更低的外形和更高的机动能力。

2003 年 7 月 2 日，德国与荷兰共同研制的首批“非洲狐”装甲侦察车交付荷兰皇家军队。随后于年底向德国陆军交付。2003 年秋季，航天航空公司还向联邦国防军交付了首批 2 辆（总共 4 辆）带炮兵观察设备的“非洲狐”装甲侦察车，以供炮兵前沿观察员使用。

↑德国、荷兰合制“非洲狐”装甲侦察车

“非洲狐”装甲侦察车的车体为全焊接铝装甲结构，是一种 4×4 全轮驱动的轻型装甲车。车上配备 3 名乘员：车长、观察员和驾驶员。驾驶员位于车体内非常靠前的中央位置，宽大的前挡风玻璃及左右侧窗，为驾驶员提供了超过 180 度的广阔视野。车载抢救绞盘的控制系统也安装在驾驶员位置上。两名乘员分别坐在车体中部全自动传动装置的两侧，左侧是车长，右侧是无线电话务员兼观察员。

车长和无线电操作/观察员的座椅高度可通过电机进行调节。无线电操作员的座椅能够 360 度转动，车长座椅能够左右转动 45 度。车长位置和观察员兼无线电操作员位置的主要设备有：观测及侦察设备、车辆通信设备、电动或机械控制武器支架及 HF/VHF 电台。3 名乘员在车内最长可以连续独立工作 5 天。车内可以容纳 1500 千克的装备和补给品。

↑“非洲狐”装甲侦察车在外形和机动能力上都比“山猫”装甲侦察车有较大改进。

炮塔特写

**其他重要技术数据：**

单位功率（kw/t）→16.4
越壕宽（m）→0.405
储油量（L）→230
最大爬坡度（%）→60
最大越野行程（km）→约 460
最大行程（km）→约 1000
转向半径（m）→12.85
涉水深（m）→1

“非洲狐”的先进侦察系统在当今世界轻型装甲侦察车中可谓一枝独秀。车上装有 1 具以现役 PERIZ17 潜望式瞄准镜为基础发展而成的潜望式瞄准镜。此外，还有 1 具热像仪、1 台 CCD 昼间摄像机及 1 台激光测距仪。这些观测设备被封装在一个被称为 BAA 的探测器头内，探测器头安装在德国格罗公司生产的伸缩式桅杆上，最高可升至车顶之上约 1.5 米处，进行昼夜周视观察。彩色 CCD 摄像机还连接有 1 台加固型 12 英寸 TFT 彩色显示器，以方便乘员观察和控制。

该车采用伦克公司生产的全自动 RECO606 型传动装置，它是一种“H”型传动系统，而不是常规的“I”型动力传动系统。“H”型动力传动系统可以使乘员坐在动力传动系统的旁边，因而可以坐得更低。而绝大多数轮式车辆的乘员，则是坐在动力传动系统的上方。

该车的标准设备是四轮驱动和限滑差速器，驱动系统有前轮驱动、后轮驱动及全轮驱动三种模式可供选择。在采用了法国制造的 Syegon 轮胎压力控制系统（中央轮胎压力调节系统）后，该车的机动性又得到了进一步提高。

在“非洲狐”侦察车的顶部后方安装有新一代烟幕弹发射器，左右各有一组，每组 3 具发射器，发射的烟幕弹可以形成可见的和 / 或红外的烟幕屏障。

↓“非洲狐”在世界轻型装甲侦察车中可谓一枝独秀。

# “拳击手”多用途装甲车

## ——荷、德联合打造的明日之星

### “拳击手”多用途装甲车

| | |
|---|---|
| [出生地] | 德国、荷兰 |
| [乘员（人）] | 11 |
| [车重（t）] | 战斗全重 33/ 净重 25 |
| [车宽（m）] | （带裙板）2.99 |
| [车高（m）] | （至炮塔顶）2.37 |
| [车底距地高（mm）] | 540 |
| [主要武器] | 12.7 毫米机枪 |

“拳击手”这个响亮的名字，牵动了不少军事爱好者的心。它是一种 8×8 多用途轮式装甲车，轮廓低矮，外形简洁。多种任务舱模块化设计让它成为了战场上的“多面手”，但同时又暗示着它在战场上的“任劳任怨”。“拳击手”计划一波三折，最终结果如何呢？

“拳击手”计划的主合同商是总部位于德国慕尼黑的装甲车辆技术协会。该协会由英国阿尔维斯·维克斯公司、荷兰斯托克公司、德国克劳斯·玛菲－韦格曼公司和莱茵金属地面系统公司组成。根据“拳击手”计划，德国负责柴油机箱、动力传动装置和电力系统的研制；英国负责底盘和任务模块的研制；荷兰负责其他子系统的研制。

↓荷、德联手打造的明日之星——“拳击手”多用途装甲车

↑打开后门的“拳击手”多用途装甲车

2003年7月，英国因陆军变更装备计划宣布退出“拳击手”计划，但并未因此影响此项研制工作。同年10月，荷兰制造的第一辆“拳击手”装甲车（指挥车）下线，标志着“拳击手”计划进入了一个崭新阶段。

“拳击手”多用途装甲车采用先进的模块化设计理念。所有“拳击手”车辆使用完全相同的制式驱动模块，如车辆的驾驶、驱动和行动部分；不同的专用任务模块安装在制式驱动模块上，就组成了可以执行不同作战任务的“拳击手”变型车。

任务模块的安装简便，在战场环境下，安装时间不超过1小时。通用的制式驱动模块减少了后勤压力，提高了保养和维修的速度，增强了部队的持续作战能力。专用任务模块保证了作战部队可执行作战任务的多样性与灵活性。同时，客户可以根据自身需要选用，甚至研制各种其他专用任务模块。

↑→德军士兵与“拳击手”装甲车配合训练

“拳击手”车体为多层高强度钢制结构，外部安装有模块化装甲。车底和侧部可以抵御反坦克地雷的攻击。全车可在360度范围内防护各种炮弹破片和重机枪枪弹的攻击。前部装甲可以防御中口径机关炮和RPG-7火箭弹的攻击。

该车采用全轮驱动、现代化的独立悬挂装置、高性能动力组件和全自动变速箱，在公路上有较好的机动能力和极佳的越野能力，能够在各种复杂路况和恶劣天气条件下圆满完成作战任务。

“拳击手”装甲车车内具有优化的人－机环境，在增加装甲车持久作战能力和快速战斗能力的同时，减小了车内乘员的物理负担。车内安装了制式的空调和三防系统。乘员座椅在减小地雷爆炸的冲击和降低乘员受伤的风险的同时，还能有效缓解乘员疲劳。

目前，“拳击手”多功能装甲车有5种车型，包括指挥车、人员输送车、救护车、货物运输车和战场抢修车，这五种车型的标准化程度很高。它们的物资保障、训练设备、技术保障和测试仪器都是通用的。通过研制新的专用任务模块，只需少量资金投入就可以开发出全新的车型。

↑“拳击手”多用途装甲车侧视图

“拳击手”目前还处于试验阶段，其主要武器暂定为1挺12.7毫米机枪，机枪安装在可360度旋转的车长指挥塔顶部。车长位置和武器操作位置将安装热成像仪和战斗管理显示屏。当然，根据用户的要求，“拳击手”在未来也有可能选用中口径机关炮，或其他各式武器，甚至是105毫米无后坐力炮（就像极具未来气息的“斯特赖克”105毫米火力支援车）。“拳击手”通过C3I控制系统和网络联通，可以进行实时信息互换，战斗管理显示屏可随时显示敌军和友军的位置，具备网络化作战能力。

纵观欧美军事强国，无不是在研制中等重量装甲车以适应未来战争需要。美国有“斯特赖克”，英国有未来快速反应系统，法国有VBCI。“拳击手”样车虽然目前正处于试验阶段，但随着其不断的改进和完善，它最终将成为德、荷两国陆军的“宠儿”。在可预见的未来，德国和荷兰将分别采购数百辆“拳击手”多用途装甲车。据称，欧洲的其他国家也非常关注“拳击手”的发展。“拳击手”多用途装甲车将倚赖其自身的优势，在世界先进装甲车的行列中占有一席之地。

↓“拳击手”救护车

# 德国“美洲狮”步兵战车

## ——陆战新猛兽

### 德国“美洲狮”步兵战车

[出生地]…………德国 / 克劳斯·玛菲公司、迪尔公司
[乘员（人）]…………3
[战斗全重（t）]…………31.45~43
[车长（m）]…………7.27
[车宽（m）]…………3.71
[车高（m）]…………3.05
[主要武器]…………Mk 30-2 ABM 型 30 毫米双弹链供弹机关炮
[辅助武器]…………7.62 毫米机枪、MG4 型 5.56 毫米并列机枪

2002 年 8 月，德国国防部做出决定，着手研制一种新型步兵战车。2002 年 9 月 12 日，德国联邦国防预算委员会批准了这一决定。德国联邦国防技术与采购局于 2002 年 9 月 20 日与项目系统管理联合公司（PSM）签订了“美洲狮”新型步兵战车设计阶段的合同。首辆样车在 2005 年 12 月完成，2006 年完成 20 台预生产车辆，并进行必要的部队试验。2008 年开始批量生产，2012 年之前将完成首批订购的 390 辆车的交付工作。

↑“美洲狮”步兵战车剖视图

↓德国新型“美洲狮”步兵战车将是“豹”2 主战坦克最强有力的作战伙伴。

在战场上，步兵战车主要用于伴随、协同主战坦克作战，世界各国涌现出不少性能优良的组合。例如，美国的“艾布拉姆斯”主战坦克和“布雷德利”步兵战车，英国“挑战者”2 主战坦克和“武士”步兵战车，俄罗斯的 T-90 主战坦克和 BMP-3 步兵战车等。

德国陆军拥有世界上一流的“豹”2 主战坦克，更需要一种性能极佳的步兵战车与之配合作战。现在德国陆军装备的“黄鼠狼”步兵战车被公认是西方第一种真正的步兵战车，然而其服役期已经超过了 30 年。为了更新这种老式的步兵战车，德国陆军决定研制新一代步兵战车“美洲狮”。2005 年年底，“美洲狮”履带式步兵战车原型车开下生产线。先进的设计理念，完美的技术整合使其成为 21 世纪步兵战车的典范。德国新型“美洲狮”步兵战车将是“豹”2 主战坦克最强有力的作战伙伴。

“美洲狮”步兵战车的总体布局仍采用传统的方式，驾驶员位于车体内左前方，动力传动装置位于右前方。车体采用无焊接薄装甲板制成，配有可更换的防护部件，制造成本低。为了优化战斗室，无吊篮的炮塔不对称地安装在车顶靠左的位置。炮塔结构小而轻，炮塔内无乘员，车长和炮长均位于车体内。炮塔顶部中央装有可旋转 360 度的光学装置，供乘员使用。炮塔右部装有主要武器和辅助武器。

“美洲狮”步兵战车采用 MTU 公司生产的世界上结构最紧凑、重量最轻的 MT-902V-10 型高功率密度型柴油发动机。这种发动机属于 MTU 公司 MTU890 系列的新型发动机，输出功率 800 千瓦，可给“美洲狮”步兵战车提供 25.4 千瓦 / 吨的单位功率（C 级防护时略有降低）。

装甲防护有两种级别，即基本级 A 级，战斗全重 31.45 吨，可用 A-400M 运输机空运。其装甲组件可抵御 14.5 毫米弹药的攻击。地雷防护组件可以抵御 10 千克的地雷。最高防护级别是 C 级，车体侧面和炮塔都加装附加模块。C 级防护时的战斗全重约 41 吨，可抵御集束炸弹子弹药等攻顶武器对车辆顶部的攻击。所有的附加装甲组件都进行了优化，可由乘员利用随车携带的工具快速安装在“美洲狮”步兵战车上。超强型防护的“美洲狮”比 C 级防护又增加 2 吨，战斗全重高达 43 吨，与许多国家装备的主战坦克相当，这是由于其采用了模块化装甲套件的缘故。

→德国陆军即将装备最新型“美洲狮”步兵战车

↓德国最新型“美洲狮”步兵战车对外展示

↑最新型“美洲狮”步兵战车特写

在“美洲狮”步兵战车上还为将来安装间隔主动防护系统准备了接口。这种防护系统通过自身的传感器捕捉来袭的导弹和弹丸，并可通过采取相应措施干扰敌方传感器（软杀伤系统），或借助爆炸物或榴弹直接对付威胁（硬杀伤系统）。

“美洲狮”步兵战车装有陆军指挥信息系统，为在未来战场上实现互联互通能力奠定了基础。由于采用与车辆设计结构相匹配的数据总线技术，使采用与系统集成的镶嵌式训练模拟系统成为可能。该训练模拟系统利用计算机和专门软件生成未来的战场景象，并模拟系统误差。除此之外，还能模拟各种地形构造。

该车首次实现了带液气悬挂元件的退耦式行动装置，从而减小了噪声和振动，使乘员可较长时间随车行动。车辆每侧有 5 个负重轮，并有液压终端限制器，迪尔系列轻型履带宽 500 毫米。

“美洲狮”步兵战车将至少服役 30 年，其设计具有延长装备时间的潜力。目前，德国已经开始研发对步兵战车的改进，包括战场内敌我识别、指挥控制、通信和情报系统以及德国未来士兵系统等方面。

←“美洲狮”步兵战车的模块化防护装甲

# 法国“潘哈德”VBL 轮式装甲车

## ——让高卢雄鸡引以为豪

### 法国“潘哈德”VBL 轮式装甲车

| | |
|---|---|
| [出生地] | 法国 |
| [装备国家] | 法国、贝宁、加蓬、吉布提、尼日尔、卢旺达、多哥、墨西哥 |
| [乘员（人）] | 2~3 |
| [战斗全重（t）] | 3.55 |
| [车长（m）] | 2.02 |
| [车高（m）] | （至车体顶）1.7/（至机枪）2.14 |
| [车底距地高（mm）] | 370 |
| [最大速度（km/h）] | 95 |
| [水上最大速度（km/h）] | 4.5 |
| [最大行程（km）] | 600 |
| [越壕宽（m）] | 0.50 |
| [涉水深（m）] | 0.9 |

1978 年法国陆军要求发展一种重量在 3.5 吨以下的轻型轮式装甲车。该车有两种基本用途：能反坦克，发射欧洲导弹公司的“米兰”反坦克导弹；装有机枪，能执行侦察任务。有 5 家公司投标，潘哈德公司在最终的竞争中获胜。1987 年，潘哈德公司开始为法军生产 VBL。1988 年，第一批 15 辆预生产车辆交付法国陆军进行各种环境的特殊试验。

法国对该车的需求量较大，曾经提出需要 3600 辆，但因法国陆军裁减，需求量也减少，但仍维持在千辆的水平上。

“潘哈德”VBL 是世界 4×4 轮式装甲车中的著名品牌。它最早以“先出口后内销”打开知名度。1985 年，40 辆法国潘哈德公司研制的 VBL 4×4 轮式装甲车销给了墨西哥，受到用户肯定，也促使法军下决心订购。1988 年，法军正式装备“潘哈德”VBL 装甲车。

变型车多是“潘哈德”VBL 的一大特点。除装甲车、装甲输送车外，还有 VBL 雷达车、VBL 装甲侦察车、VBL 反坦克导弹发射车等。其中，配置美国“陶”式反坦克导弹的 VBL 反坦克导弹发射车曾获得较好市场评价。

→“潘哈德”VBL 轮式装甲车静态展示

VBL装甲车采用4×4轮式车辆底盘。反坦克导弹发射车型有3名乘员：车长、驾驶员和导弹射手；侦察车型有2名乘员：车长兼无线电员、驾驶员。

← “潘哈德”VBL轮式装甲车

↓全速作战中的“潘哈德”VBL装甲车

车体为THD钢装甲全焊接结构。发动机在车体前部，战斗室在后部。驾驶员在战斗室前部左侧，车长在其右侧。两侧各有1个车门，车门上方装有防弹玻璃窗。车长、驾驶员前面上方也各有1个防弹玻璃窗。驾驶员还有1具在紧急情况下使用的潜望镜。作战时，可用装甲挡板盖住玻璃窗。

反坦克导弹发射车的主要武器是“米兰”反坦克导弹，发射架装在顶部前、后舱门位置。车内携带6枚导弹。其他武器包括1挺7.62毫米机枪（弹药基数为3000发）、3支FAMAS型5.56毫米步枪和9枚手榴弹。

侦察车的武器为1挺7.62毫米或12.7毫米机枪，机枪安装在车体顶部驾驶员右侧的环形枪架上，可俯仰 -10~+50度，方向射界为180度。车内可携带3000发7. 62毫米枪弹或1200发12 .7毫米枪弹。其他武器包括两支FAMAS型5.56毫米步枪和6枚手榴弹，并可携带1具LRAC型反坦克火箭筒和12枚火箭弹。

“潘哈德”VBL车装置有水上推进系统，具有两栖作战能力。该车可浮渡，在水中用装在车底后部的1个水中推进器推进。入水前，支起车首的防浪板。

此外，“潘哈德”VBL装甲车上装有三防装置，装甲板和防弹玻璃可抵御轻兵器火力袭击，它有很好的武器适应性，可根据部队需要装备多种不同类型的武器系统。它是种整体性能良好的轻型装甲车，为世界上16个国家所采用。

根据需要，还可选装空调系统、被动式夜间驾驶仪、加温装置及助力转向装置等设备。

# 法国VBCI轮式步兵战车
## ——法兰西劲吹轮式风

### 法国VBCI轮式步兵战车

[出生地]…………法国
[装备国家]…………法国
[装备时间]…………2005
[乘员（人）]…………2
[战斗全重（t）]…………（战斗车）25.6、（指挥车）23.3
[车长（m）]…………7.66
[车宽（m）]…………（带裙板）2.98
[车高（m）]…………（至炮塔顶）2.20
[最大公路速度（km/h）]…………105
[最大爬坡度（%）]…………31
[越壕宽（m）]…………2.0
[最大行程（km）]…………750

法国AMX—10P履带式步兵战车的后继车辆依照其陆军的订购合同开展研制，它就是VBCI轮式步兵战车，其全貌已经在法国萨托利兵器展览会上展出。因为是一种AMX—10P的后继车辆，所以其总体性能与AMX—10P无太大区别。该车采用极其标准的8×8轮式车体，在车体上面安装有极具良好战斗能力的单人炮塔。引人注目的地方是采用了铝合金装甲和液气悬挂装置，尤其是载重量较大，车内容积多达13立方米。

法兰西人似乎对轮式装甲车情有独钟。单就型号来说，VBR、VCR、VBL、M3、EBR、AML-90、AMX-10RC、ACMAT、VXB-170等，不下10种，令人目不暇接，在这方面，世界上没有哪个国家能超越它。近年来，法国军方又染指中型和重型轮式步兵战车，VBCI轮式步兵战车就是其中的佼佼者。

就冷战结束以后的武器装备来说，由于世界性的不景气，降低价格便成了重要课题。为了满足数量的需要，适于解决此种课题的一个

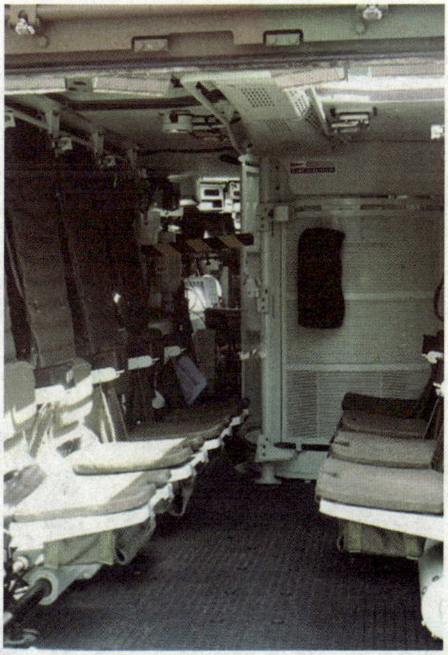

→乘员舱内左侧战斗人员座椅

手段就是模块化装甲车辆。同样，也由于价格问题，VBCI 轮式步兵战车据说在零部件方面大量使用了民用的既有部件及其改进产品，例如发动机、变速箱和制动系统等。炮塔也是最标准的“龙”式炮塔，它是法国地面武器工业集团以安装多种车为前提研制的。

除了炮塔以外，作为步兵战车使用的装置还有空调装置、三防过滤器和灭火装置等。后部车门采用了便于乘员进出的跳板式车门。这种跳板式车门曾一度被认为是标准的装甲输送车车门，但是，后来由于其进出的便利性差、结构比较复杂及操作较为繁杂等突出问题被取消了。

在其他的装置中很值得关注的是作为战场管理系统（BMS）采用了法国陆军已经配备到“勒克莱尔”坦克上的 FINDER 系统。可以认为，作为战斗装备，现在正在进入决不能忽略战场管理系统的时代。

但是，简单就战场管理系统来说，如果不能将包括步兵部队、车辆、坦克、火炮和飞机在内的所有战斗要素连接起来的话，就没有任何意义。就是说，FINDER 系统的完善程度是十分重要的。

→风雪中的 VBCI 步兵战车

VBCI 轮式步兵战车在装置中采用了 FINDER 系统

←VBCI 步兵战车“龙”式单人炮塔正面特写

↓VBCI 轮式步兵战车内视图

VBCI 步兵战车的武器系统是它的另一个“亮点”。炮塔为久负盛名的“龙”式单人炮塔。炮长坐在特制的战斗室内，观看着各种彩色显示屏和仪表板，适时地操纵机关炮射击。其主要武器为 1 门 M811 型 25 毫米机关炮，身管长 1.37 米，为 54.8 倍口径，双向供弹，发射速度为 125 发 / 分和 400 发 / 分两种，还可以单发、3 连发和 10 连发。

↓法国展出 VBCI 轮式步兵战车

VBCI 轮式步兵战车的突出特点之一就是具有良好的防护能力。车体的基本装甲使用了铝制装甲材料，其表面上安装了附加装甲，从而提高了防护力。综合的车体防护能力从装甲密度值来说是比较高的。其中的总容积通过车体全长 × 车体宽 × 车体高获得。火控系统包括：炮长稳像式瞄准镜、激光测距仪和热像仪等。总体性能达到或接近当代主战坦克火控系统的水平。

总体看来，VBCI 轮式步兵战车的火力达到了 20 世纪 80 年代先进的履带式步兵战车的水平，火控系统的性能则要更先进些，对付敌方的步兵战车或装甲输送车等轻型装甲目标，应该是绰绰有余。

VBCI 轮式步兵战车据说在 2002 年结束研制，到 2013 年至少装备 700 辆，装备到 10 个机械化步兵营。700 辆中有 550 辆步兵战车、150 辆指挥车。现在，根据公布的具体情况，第一批有 65 辆，包括 54 辆步兵战车、11 辆指挥车。

# 韩国 KIFV 步兵战车——自力更生

## 韩国 KIFV 步兵战车

[出生地]…………韩国 / 大宇重工业公司特种产品部
[装备国家]…………韩国、马来西亚
[装备时间]…………1985
[乘员（人）]…………3
[战斗全重（t）]…………12.9
[车长（m）]…………5.49
[车宽（m）]…………（带裙板）2.85
[车高（m）]…………（至车体顶）1.93/（至机枪）2.52
[车底距地高（mm）]…………410
[主要武器]…………M2HB 型 12.7 毫米机枪
[辅助武器]………… M60 型 7.62 毫米机枪

1970 年，美国 FMC 公司在 M113A1 装甲输送车基础上试制成功 AIFV 装甲步兵战车。1980 年后，韩国陆军决定利用 AIFV 研制 KIFV，设计和制造工作由韩国大宇重工业公司特种产品部承担，并引进了英国、德国、美国等国技术。KIFV 于 1985 年开始批量生产。该车有时又被称为 K200 型步兵战车。

1994 年，韩国大宇重工业公司在该车的基础上进行了改进，并将其命名为 K200A1 型。至 2003 年，KIFV 步兵战车及其变型车的总产量超过了 2000 辆。

↓*KIFV 步兵战车静态展示*

KIFV 步兵战车是在 AIFV 装甲步兵战车基础上发展起来的，但较 AIFV 有许多改进，特别是在机动性方面。在研制过程中，采用了其他国家的一些部件，诸如英国阿尔步板材有限公司的铝装甲、联邦德国 MAN 公司的柴油机、英国自动变速箱公司的 t-300 液力机械传动。

该车车体由前至后分为驾驶－动力传动部分和载员部分。驾驶员位于车体内左前方，有 1 扇向右开启的单扇舱门，其前面和两侧安装了 4 具 M27 型潜望镜。为便于夜间驾驶，中间的 1 具可换成被动式夜间驾驶仪。

车长位于驾驶员的后方，有 1 扇向后开启的舱盖，有 4 具 M17 型昼用潜望镜和 1 具 M20A1 型双倍率潜望镜（1×和 6×）。后者可换成被动式夜视潜望镜。车上配有 1 挺 M60 型 7.62 毫米机枪。机枪射手位于车长右侧。发动机和传动装置位于车体前部驾驶员右侧。

指挥塔位于车长右侧，可以旋转 360 度，安装有 1 挺销轴支承的 M2HB 型 12.7 毫米机枪，机枪四周有装甲防护板。

车体为铝装甲焊接结构，外面有用螺栓固定的间隙夹层装甲，夹层装甲中的泡沫填充物增加了车辆在水中的浮力。车体前甲板上安装有防浪板，防浪板上方有一排 6 具烟幕弹发射器，昼夜驾驶灯位于发射器两侧。

载员舱位于车体后部，内有 9 名步兵的座椅。载员舱两侧装甲板上各有两个射孔，射孔上方均有观察镜。载员舱后面有 1 个供人员出入的动力操纵跳板式舱门，上面有两个射孔，左侧还有 1 扇小门。载员舱顶甲板上有 1 个舱盖。

KIFV 的防护能力明显优于其基型车——美国的 M113A1 装甲输送车。该车在铝装甲外加装了间隙式夹层装甲，加强了防护，但增重并不多，具备抗机枪弹、炮弹破片和普通反坦克火箭弹攻击的能力。指挥塔的前面、两侧及后面均有装甲护板。载员从车体后舱门出入，提高了安全性。

1985 年 KIFV 步兵战车已正式列入韩国陆军装备。韩国陆军现装备 KIFV 及其各类变型车 1700 辆。装备到机械化步兵师和步兵师。已装备 KIFV 的国家还有马来西亚（1993 年购置 42 辆，1994 年再次订购 22 辆，1997 年又订购 47 辆）。

↓演习中的 KIFV 步兵战车。KIFV 的变型车有以下几种：迫击炮车、20 毫米自行高炮、抢救车、三防侦察车、指挥车、坦克歼击车。

# 韩国 K21 步兵战车——太极新星

## 韩国 K21 步兵战车

[出生地]…………韩国
[输出功率（kw）]…………559
[主要武器]…………7.62 毫米机枪
[最大速度（km）]…………（公路）70/（越野）40
[水上航速（km/h）]…………6
[悬挂装置类型]…………扭杆

从 1999 年年底开始，韩国国防科学研究所（ADD）、斗山工程机械公司等韩国国内主要军工企业历时 8 年共投资 910 亿韩元研发成功了 NIFV 新型步兵战车。2005 年年初制造完成了 3 辆原型车，被命名为 K21，其输送车型号为 K200。

K21 步兵战车主要武器为 1 门稳定式机关炮和 1 挺 7.62 毫米机枪，炮塔左侧还装备了可发射远程制导武器的反坦克导弹双联装发射器，使 K21 具有攻击坦克顶装甲的能力。

↓韩国新型 K21 步兵战车

←K21步兵战车内视图

K21步兵战车侧前图

除此之外，该车能够击落低速飞行的直升机或7千米范围内的飞行器。该车可搭载3名乘员和9名步兵。车身两侧裙板安装了包式水上漂浮装置，履带划水方式推进的水上速度为6千米/时。据称，K21的服役将大幅度提升韩国陆军独立作战的能力，其在作战能力和价格方面具备与世界现役的最先进步兵战车（如美国M2A3和俄罗斯BMP-3等车型）相抗衡的竞争力。

K21的研发工作始于1999年，由韩国国防科学研究所牵头，韩国斗山工程机械有限公司和其他10家防务公司共同参与，2007年完成样本的全部测试工作并开始进入批量生产阶段。按照计划，韩国陆军从2008年开始列装K21，首批列装数量是900量，这些步兵战车全部配装到韩国陆军的机械化师中，2009年完成了全部的部署工作。

→太极新星——韩国K21步兵战车

# 意大利“半人马座”坦克歼击车

## ——王者风范

### 意大利“半人马座”坦克歼击车

[出生地]…………意大利 / 依维柯 – 奥托·梅莱拉联合公司
[乘员（人）]…………3
[车长（m）]…………7.93
[车宽（m）]…………3.28
[车高（m）]…………2.87
[最大速度（km/h）]…………105
[最大行程（km）]…………800
[涉水深（m）]…………1.5

“半人马座”坦克歼击车由依维柯 – 奥托·梅莱拉联合公司研制，研制代号为B1，“B”是“Blindo”缩写，表示“装甲车”的意思。

首辆样车于 1987 年 1 月制成，第二辆样车于 1987 年年中制成。到 1987 年 12 月，共有 4 辆样车参加了试验。第五～第九辆样车于 1988 年完成。1989 年 4 月生产出首批 10 辆预生产型车，从 1990 年年底开始批量生产。首辆生产型车于 1991 年完成。该车装备于意大利、波黑、西班牙等国家。

←颇具王者风范的意大利陆军“半人马座”坦克歼击车

“半人马座”坦克歼击车的车体前装甲板的倾斜角度大，炮塔低矮且前部呈楔形，具有很好的防弹外形。驾驶员位于车体内前部左侧，其右侧是发动机，驾驶室与战斗室之间用防火隔板分开，具有很好的安全性。

车体和炮塔采用全焊接钢装甲结构，为乘员提供了防轻兵器和炮弹破片的能力。车体前弧范围内的装甲可抵御20毫米炮弹的攻击；车体全周可抵御12.7毫米枪弹的攻击。为提高战场生存力，车上还可安装附加装甲组件，这样，该车的最大战斗全重增至28吨。

在炮塔尾舱内装有三防装置，可为乘员提供净化的空气，该装置与安装在“公羊”主战坦克上的相同，为超压集体式，乘员无须佩带防毒面具。车上还安装有一体式空调系统，这样在环境温度为 -30 ~ +44 摄氏度时，车内可保持舒适的温度，以提高作战效率。

↑炮塔特写

↓“半人马座”坦克歼击车后视图

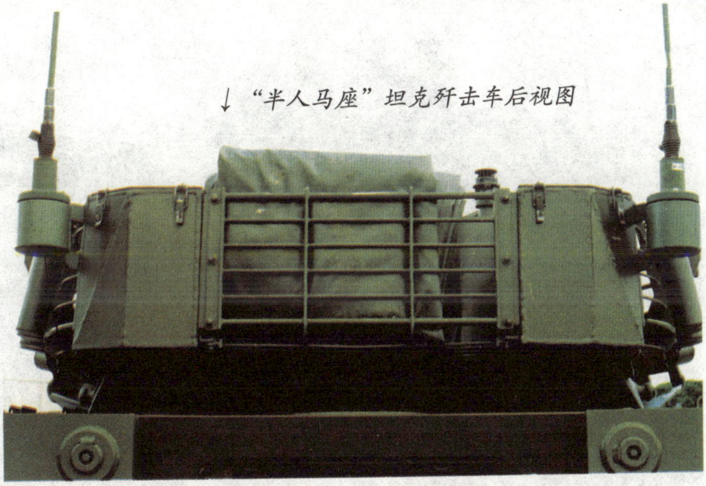

“半人马座”坦克歼击车能遂行反坦克作战任务，主要武器采用1门由奥托·梅莱拉联合公司生产的105毫米线膛炮，身管长52倍口径。火炮采用低后坐力技术，以及同心式液压反后坐装置和液气复进机，后座长度为750毫米，后坐力为137千牛。该火炮具有与标准的105毫米坦克炮相同的弹道特性。

↓“半人马座”坦克歼击车能遂行反坦克作战任务，主要武器采用1门由奥托·梅莱拉联合公司生产的105毫米线膛炮。

炮塔的水平旋转和火炮的俯仰采用电液驱动，紧急情况下也可手动操作。车长位于炮塔内左侧，炮长位于右侧，装填手位于炮长后面。车长和装填手都有舱门，在紧急情况下，可从车体底部的安全门下车。炮塔顶部中央向上凸出，以使火炮俯角增大。火炮的方向射界为 360 度，高低射界为 –6 ~ +15 度。

“半人马座”坦克歼击车在研制时就考虑了发展一个车族的计划，这个车族包括近战防御班组车、步兵战车、装甲输送车、三防侦察车、自行高炮、自行榴弹炮、装甲抢救车、装甲架桥车等。

↑威猛撼人的“半人马座”编队

意大利陆军最初共需要 450 辆，后又削减为 400 辆，于 1996 年交付使用，用于装备两个机械化旅和 4 个摩托化旅，这些部队改称为轻型装甲旅，担负快速机动作战任务，以应付突发事件。

意大利陆军曾把一些 “半人马座” 坦克歼击车作为维和部队的装备部署在波黑等国家，车上安装了被动式装甲组件。另外，分别在车长门的右侧和装填手门的左侧各安装了 1 挺带防盾的 7.62 毫米机枪，以加强对低空和地面的防御火力。

此外，西班牙于 1999 年订购了 22 辆“半人马座”坦克歼击车，在 2000 年向西班牙陆军交付了 7 辆，其余的 15 辆于 2001 年交付。在西班牙部队中，“半人马座”被命名为 VRC—105，并成为西班牙骑兵部队目前的标准装甲战车，以执行侦察、掩护、搜索、压制、阻击和保护撤退等任务。

# 意大利“标枪”步兵战车

## ——挑掉意军武备落后帽子

### 意大利“标枪”步兵战车

[出生地]…………意大利
[装备国家]…………意大利
[装备时间]…………1998
[乘员（人）]…………3
[战斗全重（t）]…………23
[主要武器]…………KBA 型 25 毫米机关炮

相比于美、英、德等西方国家来说，意大利在履带式步兵战车的研制方面起步较晚，在很长时期内始终处于西方国家的二流水平。“标枪”步兵战车相对于其他西方国家的步兵战车问世要晚了许多年，于 2000 年中期才开始生产，这也使得其技术性能后来居上，成为目前世界上最先进的步兵战车之一，使意大利陆军的机动作战能力有了极大的提高。

1982 年，意大利“陆军再装备计划”启动后，陆军采购经费增加。意大利陆军放弃了原定购买“豹”2 坦克和其他国家先进步兵战车的计划，决定自主研制配套的装甲战车。由此，意大利坦克装甲车辆进入了发展的重要时期，其特点是以赶超世界先进水平为目标，建立完整的陆军装备体系。

→“标枪”步兵战车挑掉了意大利武备落后的帽子。

↑“标枪”步兵战车前进中

仅用 10 年左右时间，意大利就相继研制出了“公羊”主战坦克、“半人马座”轮式装甲车、“美洲豹”轮式装甲车和“标枪”步兵战车。它们构成了意大利陆军“装甲部队现代化计划”的核心装备。

“标枪”步兵战车的炮塔和车体为全焊接铝合金装甲结构，为了提高车体和炮塔的防护能力，在它们的外表面用螺栓固定有附加钢装甲。

驾驶员座位在车前左侧，在其上方有 1 扇可旋转的出入舱门，该门可向右开启。另在舱门上装有 3 具用于前视观察的潜望镜，其中 1 具可换装夜间驾驶用的被动式微光夜视仪。

发动机舱位于驾驶员右侧，用一块隔板把车内人员与动力舱隔开，进、排气百叶窗布置在车体顶部，排气管位于车体右侧。

依维柯车辆公司研制的“标枪”步兵战车的冷却系统可以保证“标枪”步兵战车在环境温度高达＋49 摄氏度以及沙漠条件下均能正常行驶。空气冷却风扇采用液力控制方式，可根据实际需要来控制风扇的转速。空气进气百叶窗布置在车体上部甲板上。车辆发动机排出的气体通过发动机的涡轮增压器进入一种有消声装置的歧管，然后与冷却系统排出的空气混合以后，被强制地从车体右侧的一个百叶窗排出，以减小车辆的红外信号特征。另外，在排气系统上安装了一种液力控制阀门，用于车辆涉渡江河。

“标枪”步兵战车的电控炮塔布置在车辆的中部，车长位于炮塔的左侧，炮长位于炮塔的右侧，他们各有 1 扇可向后开启并可旋转的炮塔舱门盖。该炮塔型号为 TC–25，它是由奥托·梅莱拉公司研制的。尽管该炮塔可容纳两名乘员，但塔内设备也可由一名乘员控制。

车长的正前方有 5 具用于观察的潜望镜，而炮长只有 1 具顶置安装的昼 / 夜热成像夜瞄镜，瞄准镜内加装了一种护眼式激光测距仪。

6 名士兵坐在车辆后部载员舱中，他们由车后的一个电动控制的后大门上下车。车辆上的制式装备包括 1 具全功能被动夜视装置、空调系统、乘员和发动机舱使用的自动灭火系统以及能使车辆通过深达 1.5 米水障碍的涉渡设备。为替换当前正在使用的扭杆悬挂系统，在“标枪”步兵战车上也可安装一种液气悬挂系统。其他可选装置还有顶置式激光报警系统以及一种车长使用的顶置式稳定瞄准镜。

综合作战能力和技术先进程度使“标枪”战车跻身世界最先进的步兵战车之列。意大利陆军的装甲武器在很短时间内摘掉了陈旧落后的帽子，一跃成为拥有世界一流装甲车辆的陆军，它的自力装备发展之路随即引起了世人的注意。

综合作战能力和技术先进程度使“标枪”战车跻身世界最先进的步兵战车之列。

# 奥西联合打造的 ASCOD 步兵战车
## ——双重绰号

**奥西联合打造的 ASCOD 步兵战车**

[出生地]…………奥地利、西班牙
[乘员（人）]…………3
[战斗全重（t）]…………27.5
[车长（m）]…………6.99
[车宽（m）]…………3.15
[车高（m）]…………2.65
[车底距地高（mm）]…………450
[主要武器]…………M693 式 20 毫米机关炮
[辅助武器]…………7.62 毫米并列机枪、“米兰”反坦克导弹发射装置

20 世纪 80 年代，奥地利斯太尔·戴姆勒·普赫公司启动了本公司冒险投资研究项目，与奥地利陆军紧密合作共同研制一种新式步兵战车，即之后的 ASCOD 步兵战车。

与早期的车辆相比，研制的这种车辆必须在装甲、火力和机动性三个方面有重大的改进。同时也要求这种车辆操作方便、维修简单以及具有较高的战备完好率，另外还要求该车底盘必须成为各种变型车的基型底盘。

→奥地利与西班牙合作发展的 ASCOD 步兵战车

ASCOD 是奥地利和西班牙合作发展的步兵战车，此车是两国应 20 世纪 90 年代需要而研发的车种。

与目前新一代的战车相比，ASCOD 的规格没什么出人意料的地方。它的车体和炮塔是一种全焊接钢装甲结构，它还通过一种模块化系统来抵御 7.62 毫米和 5.1 毫米轻兵器在 360 度范围内的火力的攻击。该车 60 度前弧形范围装甲还可防护 14.5 毫米穿甲弹（穿甲燃烧弹）的攻击。

→ASCOD 步兵战车代表了西方 20 世纪 90 年代步兵战车的水平。

←ASCOD 步兵战车后视图

ASCOD 步兵战车的炮塔前部、侧部、车体斜甲板处以及车体两侧安装附加的钢装甲板，以提供较高级别的防护。可选的一种防护方案是一种能提供 30 毫米脱壳穿甲弹在 1000 米的射程上以及对 60 度（例如，车辆中心线的 30 度左右）前弧形范围进行射击时的防护。车辆的其他部位均可抵御 14.5 毫米穿甲燃烧弹在 360 度范围内的火力的攻击。

对于间接射击火力，ASCOD 步兵战车具有 90%的把握为车内乘员提供在车前 10 米爆炸的 155 毫米榴弹碎弹片的安全防护。尤其值得注意的是，ASCOD 步兵战车在设计中充分关注了对反坦克和杀伤人员地雷的高度防护性能。

在 ASCOD 步兵战车的底盘和炮塔上安装了一种间隔多层装甲材料，它进一步减少对各种各样战场武器的穿甲后效。制造厂商称，该车也具有一个较低的雷达和红外信号特征。

包括发动机、传动装置以及冷却系统在内的整个动力装置可在 15 分钟内从 ASCOD 步兵战车上吊出。安装在车体中央，稍靠右侧的是一种双人电动炮塔，车长位于左侧，炮长坐在右侧。主炮是一种双弹链供弹的“毛瑟”30 毫米 F 型机关炮，它的待用弹药为 200（120+80）发，另外还有 202 发的弹药储备。炮长可选择单发、3~5 发和 10 发的射击速率。

为了在各种条件下与目标作战，为炮长提供了柯尔斯曼 DNRS（定向夜间雷达系统）火控系统，它包括一种综合式激光测距仪。车长有 1 具带监视屏的白昼瞄准镜，它能显示炮长搜索到的目标图像。DNRS 加上先进的昼 / 夜瞄准系统、双轴稳定 30 毫米机关炮，将使 ASCOD 在全天候的条件下可与各种战场目标作战，不管 ASCOD 处于静止状态或是行进中都具有较高的首发命中率。

↑ASCOD 步兵战车在装甲、火力和机动性方面有重大的改进。

ASCOD 的炮塔型号为 SP-30，它也可安装在其他各种车辆上，不管是履带式还是轮式，例如，斯太尔·戴姆勒·普赫公司的“劫掠者”侦察车。它也可安装在较轻的装甲车辆上，只不过它的装甲防护能力要差一点。

ASCOD 步兵战车的制式装置有：用于动力舱的灭火抑爆系统；带有核生化防护系统以及中央空调系统；驾驶员用的被动式夜视装置以及两个排水泵。

可选设备有：用于乘员舱的全自动灭火抑爆系统、冷却剂的预热系统、包括全球定位系统（GPS）在内的地面导航系统以及可以安装在用户需要的车辆上的一种综合式电子对抗系统。在车体和炮塔内也可设计安装用户选择的车内通话器以及通信装置。

按照 ASCOD 制造厂商介绍，该车的净重可提高到 28 吨，甚至 30 吨；发动机功率可提高至 650 马力（478 千瓦），甚至 700 马力（514.5 千瓦），其改进的潜力十分可观。

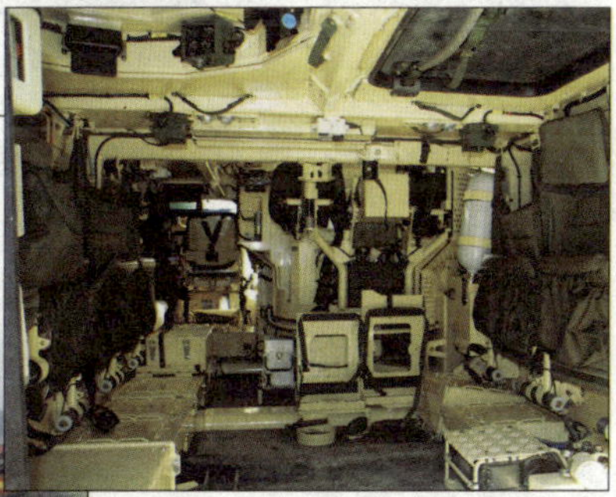

↑ASCOD 步兵战车乘员舱

←戒备中的 ASCOD 步兵战车与士兵

# 奥地利“游骑兵”轮式装甲车

## ——新型火力支援装甲车

### 奥地利“游骑兵”轮式装甲车

[出生地]…………奥地利 / 斯太尔·戴姆勒·普赫公司
[乘员（人）]…………2
[战斗全重（t）]…………12.5
[车宽（m）]…………2.50
[车高（m）]…………（至车顶高）2.05
[车底距地高（mm）]…………430
[公路时速（km/h）]…………110
[公路行程（km）]…………650
[越壕宽（m）]…………1.2
[涉水深（m）]…………1.2

↓水陆两栖型“游骑兵”轮式装甲车

由于奥地利陆军对装甲侦察车辆的需要，斯太尔·戴姆勒·普赫公司于1979年开始研制6×6轮式装甲车，1984年生产出第一辆样车，1985年公开展出，1986年完成第一批6辆预生产型车，并定名为“游骑兵”。

1995年，“游骑兵”迎来了来自奥地利军方的首批订单，共订购了68辆，其中17辆用于联合国维和行动，随后又追加订购了三批同型装甲人员救护车。这就是我们之所以屡屡在新闻媒体上见到“游骑兵”的原因。

奥地利这个中欧小国在重型汽车和坦克装甲车的研制生产方面有着悠久历史，斯太尔·戴姆勒·普赫公司就是其中的中坚力量。该公司早在二战期间就因纳粹德国生产出众多“虎”式重型坦克而名噪一时，而在改革开放后进入我国市场的“斯太尔”重型卡车让我们更加熟悉了这家著名的奥地利公司。

战后奥地利坦克装甲车系列命名一脉相承，20世纪70年代初研制成功了“龙骑兵”（SK105）轻型坦克，90年代研制成功了“游骑兵”轮式装甲车，还和西班牙联合研制了“枪骑兵”履带式步兵战车。其中尤以本文的主角——“游骑兵”轮式装甲车的装备部署最为广泛，已经形成了一个庞大的车族，包括“游骑兵”轮式装甲车、“游骑兵”Ⅱ 6×6轮式装甲车、“游骑兵”Ⅱ 8×8轮式装甲车等3种基型车以及众多的变型车。

“游骑兵”的基型车为6×6装甲输送车。该车车体采用焊接钢甲板结构，外形低矮，有良好的防护能力，是20世纪90年代12吨级别轮式装甲车辆中唯一不需要附加装甲就能够提供全方位7.62毫米穿甲弹防护能力的车型。车体前部30度区域内可防12.7毫米穿甲弹的攻击，安装附加装甲后，车体正面可防14.5毫米穿甲弹的攻击。其他防护措施包括降低车辆的热特征和噪声级、涂装保护迷彩等。该车还可以选装三防系统、自动灭火抑爆装置、防地雷加强底装甲。

“游骑兵”轮式装甲车外形简练、车体内部布置紧凑、载员室空间相对较大，既利于乘坐较多载员、提供较舒适的车内环境，又保持了较小外廓尺寸，可通过C-130、C-160、AN-12运输机空运。基型车不具备水上机动性，但是有一种加长车体的两栖变型车。

该车的主要武器为1挺装在车顶枪塔内的M2HB型12.7毫米重型机枪，高低射界-10～+50度，方向射界360度，弹药基数1800发，其中待发弹100发。此外，还可以换装1挺7.62毫米MG3机枪或1具40毫米榴弹发射器。另外，在车体右前部布置有两组3具烟幕弹发射器。

“游骑兵”是一个庞大的车族，有众多的变型车，包括装甲救护车、装甲抢救车、两栖型装甲输送车、装甲侦察车、火力支援车等。

**其他重要技术数据：**

轮距（m）→2.148
轴距（m）→1.53/1.53
接近角（°）→45
离去角（°）→49
爬坡（%）→70
过垂直墙（m）→0.5
转弯半径（m）→8

“游骑兵”Ⅱ8×8轮式装甲车静态展示

# 奥地利“劫掠者”2装甲车——后起之秀

## 奥地利“劫掠者”2装甲车

[出生地]…………奥地利/斯太尔·戴姆勒·普赫公司
[乘员（人）]…………2
[战斗全重（t）]…………19
[车长（m）]…………7.02
[车宽（m）]…………2.67
[车高（m）]…………（不带炮塔）1.82
[车底距地高（mm）]…………450
[最大公路行程（km）]…………约900
[最大越野行程（km）]…………约700
[涉水深（m）]…………1.5

“劫掠者”2装甲车是斯太尔·戴姆勒·普赫公司在“劫掠者”6×6装甲车的基础上研制的。它除了6×6驱动型外，还有8×8型。该车可根据用户需求对动力装置、防护、武器和其他设备进行配置。

该车的首辆样车于2001年下半年开始试验。其许多部件与现有的“劫掠者”6×6装甲车的部件相同。“劫掠者”8×8除了可浮渡的装甲输送车外，还有一种带SP30斯太尔炮塔的轮式步兵战车。

↓“劫掠者”2装甲车

“劫掠者”2装甲车采用钢装甲全焊接结构，四周可抵御7.62毫米穿甲弹的攻击，也可进一步增强其防护能力。车上还将采用改进的防护装置，以抵御在车底引爆的反坦克地雷的毁伤。

驾驶员位于车前左侧，其右侧为动力传动装置。进气和排气百叶窗位于车顶，排气口位于车体右侧。

↑“劫掠者”2装甲车的出现极大地丰富了该车型的车族。

在一般情况下，驾驶员通过一个位于其座位上方并且向左开启的单扇舱盖进入车内。舱盖的前部有3具昼用潜望镜，用于车前的观察。中央1具昼用潜望镜可用1具被动式潜望镜替代，用于夜间驾驶。与现有6×6“劫掠者”相比，8×8车型的防护能力得以增强，其内部空间有所加大，单位功率、越野机动性和乘坐舒适性都有明显改善，适用于更加广泛的作战行动。

该车采用264.83千瓦带中间冷却器的水冷涡轮增压柴油机（也可进一步增强发动机功率），发动机满足欧洲Ⅲ号排放标准。

采用与发动机匹配的带有6个前进挡和1个倒挡并带液压变矩器的自动传动装置。车上安装一台新型2级同步分配变速箱，以在公路和越野驾驶时使用。液力减速器装有带减震器的闭锁离合器。车上有两个动力输出装置。

该车装有中央轮胎充气系统、自动驱动管理系统、前四轮助力转向装置和综合式故障诊断系统。为提高越野机动能力，将用半主动减震装置对8×8车型的悬挂装置进行改造。

# 英国“武士”步兵战车——亚瑟王的新神剑

## 英国“武士”步兵战车

[出生地]…………英国 /GKW 防务公司
[装备国家]…………英国、科威特
[装备时间] …………1984
[乘员（人）]…………3
[战斗全重（t）]…………25.7
[车长（m）]…………（炮向前）6.34
[车宽（m）]…………（带裙板）3.03
[车高（m）]…………（至车体顶）1.93/（至炮塔顶）2.74
[车底距地高（mm）]…………490

1984 年 11 月，“武士”步兵战车被正式列入英国陆军装备。1987 年装备英国陆军机械化步兵营，每营装备 45 辆。英国陆军原计划订购 1053 辆“武士”步兵战车，但是，随着英国陆军规模的缩减，现已减少到 789 辆，于 1995 年交付完毕。科威特在 1993 年 8 月订购了 254 辆“沙漠武士”战车。

看过好莱坞大片《亚瑟王传奇》的人，对其中一个著名的故事——“亚瑟王的神剑”（EXCALIBUR）一定印象颇深。这个 EXCALIBUR 是亚瑟王从石头缝里拔出来的，锋利无比，战无不胜。到了 20 世纪 80 年代，英国人又写了一本名叫《A New EXCALIBUR》的书，意思是《亚瑟王的新神剑》，风靡全球。英国是坦克的故乡，该书讲述了从 1914 年到 1939 年的英国坦克发展史。

↓机动训练中的“武士”步兵战车

当历史的车轮驶入21世纪，亚瑟王又被赋予了新的执掌世界权柄的神剑——英国“挑战者”主战坦克和“武士”步兵战车。

近20年来，能够参加过两次较大规模战争的坦克和步兵战车并不多。英国的“挑战者”主战坦克和“武士”步兵战车，便是经过两次实战考验的装甲战斗车辆。

1991年海湾战争中，参战的是“挑战者”1坦克和“武士”步兵战车；2003年伊拉克战争中，英军的坦克换成了“挑战者”2主战坦克，而步兵战车仍然是“武士”步兵战车。“武士”两次披挂上阵，表现不俗。在海湾战争中，英军第7装甲旅的69辆“武士”步兵战车在经过96小时300千米的行军后，“所有战车都能投入战斗”，可靠性极高。在战斗中损坏的3辆“武士”步兵战车中，有两辆是被美军A-10攻击机误伤的。这说明“武士”的坚固性是经得起考验的。

在总体布置上，“武士”步兵战车的最大特点是取消了射击孔。在近年来新设计的步兵战车中，有减少射击孔的趋势。在这一点上英国人倒是有先见之明。其载员以下车作战为主，车上的机关炮起火力支援作用。有的军事家认为，“武士”步兵战车是一种“强化型的战场TAXI”。这一观点尽管偏激，但也有一些道理。

“武士”机械化战车的主要武器为1门L21型30毫米“拉登”炮，能自动装弹。该炮在1000米距离上能击毁敌人装甲输送车。可发射30毫米“拉登”炮弹，也可发射“依斯拜托-瑞依扎/厄利肯”831L系列30毫米弹药。

**龙文小百科　神奇的亚瑟王**

亚瑟王（King Arthur）是英格兰传说中的国王，圆桌骑士团的首领，一位近乎神话般的传奇人物。

公元800年左右，威尔斯的修士撰写了《布灵顿人的历史》一书，书中首次记载“亚瑟”这个名字，描述了他领导威尔斯人抵抗从泰晤士河中游入侵的撒克逊人的丰功伟绩。但其最初如何诞生，源自何处，皆无从查考。究竟亚瑟王是不是以某位历史人物作为原型塑造出来的角色也不得而知。

传说公元四五世纪前后的中古时代，他率领圆桌骑士团在英国领土上推翻了罗马帝国长达数百年的统治，成功驱逐了撒克逊人的侵略，并通过一系列的政治改革和军事措施，把大不列颠逐渐推到了欧洲的重要地位，建立了一连串的丰功伟绩。关于亚瑟王的传奇，曾经流传于无数的文学作品中，从而这些故事被钟爱亚瑟王的导演们搬上银幕，再现了这位欧洲帝王的无限风貌及其伟大功绩。

↑电影《亚瑟王》海报

“拉登”炮结构紧凑，火炮全长3.15米，车内长度仅43毫米，重量为100千克。6发炮弹分装在两个各能存放3发炮弹的弹夹中。通常火炮只单发射击，需要时，也可6发连射。火炮射速80~90发/分，最大射程4000米，有效射程1000米。废弹壳可抛出炮塔外。火炮高低瞄准由人工操纵，方向瞄准由炮塔电动机转动或手操纵控制。

辅助武器为1挺“休斯”直升机公司的EX-34式7.6毫米链式机枪，安装在主炮右侧。

“武士”步兵战车车体为铝合金装甲全焊接结构，炮塔上还采用“乔巴姆”复合装甲，它的装甲防护性能优于其他步兵战车。该车炮塔外部两侧各装有4具烟幕弹发射装置。三防装置装于驾驶员位置左后侧。此外，该车将油箱布置在车体内炮塔吊篮的下方，降低了因中弹而起火的危险性。

**其他重要技术数据：**

单位功率（kw/t）→16.8
最大速度（km/h）→75
加速时间(0~32km/h)(s)→7
最大行程（km）→660
储油量（L）→770
最大爬坡度（%）→31
过垂直墙高（m）→0.75
越壕宽（m）→2.5
涉水深（无准备）（m）→1.3

海湾战争和伊拉克战争期间，参战的“武士”步兵战车在车首及两侧都加装了附加装甲，提高了对破甲弹和反坦克导弹的防护能力。载员室装有集体式三防装置。动力舱有自动灭火装置，有两个哈龙灭火瓶，另有5个手提式灭火器。炮塔两侧各有4具烟幕弹发射器。

“武士”家族“车丁兴旺”，细数下来有各种变型车和改进型车不下20种。有“武士”通用车、“武士”装甲侦察车、多管火箭炮系统、自行迫击炮、防空导弹发射车、装105毫米火炮的“武士”战车、带扫雷装置的“武士”步兵战车、装“陶”式导弹的反坦克导弹发射车和“武士”布雷车等。其中，“沙漠武士”步兵战车和“武士”2000型步兵战车最为著名。

←↓英国“武士”步兵战车

# 瑞典 CV90 履带式装甲战车族
## ——欧陆铁甲轻骑兵

↑瑞典士兵与他们的 CV90 装甲战车

1978 年，瑞典决定研制一种供本国部队 90 年代使用的新型履带式装甲战车车族，即 CV90 车族。1985 年 7 月，瑞典军方与 HB·乌特维克林公司签订价值 2 亿瑞典克郎的合同，合同包括设计、研制和生产 5 台样车，其中 4 台样车装 40 毫米炮，1 台装 25 毫米炮。1988 年 10 月，交付首台 CV9040 步兵战车样车。1993 年装备瑞典陆军。该车族主要装备瑞典陆军的装甲机械化部队（机械化步兵营），用于对付空降的轻型装甲车辆、武装直升机和近距离空中支援飞机等。除瑞典外，挪威陆军于 1995 年 4 月也订购了该车族中的 CV9030 型步兵战车。

瑞典陆军在计划研制新型履带式装甲战车时，提出的要求是战斗全重不超过 20 吨，具有良好的战术机动性，适合在瑞典北部严寒、深雪、薄冰和沼泽地带作战使用；能有效对付装甲目标；具有防空能力；在不超过规定的战斗全重与成本的前提下增强防护力，车体前部可防 30 毫米炮弹，车体底部可防地雷；具有一定的战略机动性，可用铁路和民用平板卡车运输，能否空运暂未定；易于保养维修和具有发展潜力等。

→风驰电掣的 CV90 装甲战车

←编队前进的瑞典 CV90 装甲战车

→风雪中出击的 CV9040 装甲战车

CV9040 装甲战车正是在这样的基础上研制而成的，它是 CV90 车族的基型车。该车车体采用钢装甲焊接结构。驾驶员位于车体内前部左侧，其上方有 1 扇舱门，前方有 3 具潜望镜。夜间驾驶时，可将中间的一具潜望镜换成微光夜视仪。

动力传动装置位于车体内前部右侧，首上甲板处有一个检查窗。散热器位于车体后部右侧。三防系统和蓄电池位于车体左侧，冷却系统位于车体右侧。

炮塔位于车体中部，略向左偏移 200 毫米。车长居左，其指挥塔上装有便于环形观察的潜望镜和 1 具 M371 型瞄准镜；炮长居右，载员舱位于车体后部，可容纳 8 名步兵。舱顶部有 5 扇舱门，3 扇向左开启，2 扇向右开启。开启时，步兵可站立用步兵武器向外射击。

CV9040 装甲战车的主要武器为 1 挺博福斯公司的 40/70B 型 40 毫米机关炮。该炮重 615 千克，单发射速为 60 发 /分，连发射速为 300 发 / 分。火炮的方向射界为 360 度，高低射界为 –8 ~ +35 度。辅助武器为 1 挺 M–39 型 7.62 毫米并列机枪，装在机关炮左侧，车长和炮长均可射击。炮塔顶部有两具博福斯公司的莱兰 71 毫米照明弹发射器。

该车装有科尔斯曼公司的火控计算机。炮塔的方向旋转和武器的高低俯仰均为电驱动，紧急情况下也可手动。车长指挥塔上装有6具潜望镜，用于进行环形观察，中间的1具潜望镜装有雨刷和装甲护板，需要时可换成增强型瞄准系统。

1993年CV90履带式装甲战车装备瑞典陆军，至1997年年底已装备244辆。该车族主要装备瑞典陆军的装甲机械化部队（机械化步兵营），用于对付空降的轻型装甲车辆、武装直升机和近距离空中支援飞机等。除瑞典外，该步兵战车还装备了芬兰、荷兰、挪威和瑞士等国家。

*CV9040装甲战车车顶部可安置RBS56“比尔”攻顶式反坦克导弹。*

# 日本89式步兵战车——“东瀛轻骑”

## 日本89式步兵战车

[出生地]…………日本/三菱重工业公司
[装备国家]…………日本
[装备时间]…………1990
[乘员（人）]…………3
[战斗全重（t）]…………26
[车长（m）]…………（炮向后）6.8
[车宽（m）]…………（带裙板）3.2/（无裙板）3.1
[车高（m）]…………（至车体顶）1.65/（至炮塔顶）2.43/（至机枪）2.67
[最大速度（km/h）]…………70
[加速时间（s）]…………（0～32km/h）21
[最大行程（km）]…………300
[最大爬坡度（%）]…………31

日本89式步兵战车

日本早在73式装甲输送车定型时就提出了步兵战车的构想，但由于车辆成本及使用原则没有得到明确，因而放慢了研制速度。在美国M2“布雷德利”步兵战车问世之后，日本加快了步兵战车的研制速度。其技术研制工作始于1980—1982年。1984年，三菱重工业公司试制了两辆样车。1986—1987年，在东富士、九州等地对试制样车进行了技术和使用试验。该车于1989年定型为89式步兵战车，1990年开始装备部队。

↓89式步兵战车模型

第二次世界大战后，日本已发展了三代装甲战车。61式坦克和60式装甲输送车为第一代，74式坦克和73式装甲输送车为第二代，90式主战坦克和89式步兵战车为第三代。第三代装甲战车，日本人称它为“世界第一流的”装甲战车，也有人称它为“世界上最昂贵的”装甲战车。它已成为21世纪初日本陆上自卫队的主要装备。

日本90式主战坦克是目前世界上最先进的坦克之一，在多次的世界先进坦克排行榜上一直名列前三名。89式步兵战车也属于当今世界最先进的步兵战车，96式轮式装甲车具有优良的机动能力。日本装甲战车之所以能跻身于世界先进行列，主要是由于日本的科学技术迅速发展和局部战争的影响。

↓89式步兵战车模型

←89 式步兵战车 KDE35 毫米机关炮，射速为 200 发 / 分，据说火力性能比美国“布雷德利”、德国“黄鼠狼”和英国“武士”步兵战车都强。

89 式步兵战车车体为铝合金焊接结构。双人炮塔前面装有 1 门自动机关炮和 1 挺并列机枪，两侧各安装 1 具反坦克导弹发射架和 3 具烟幕弹发射器。载员舱两侧各有 3 个球形射击孔。机关炮的射速为 200 发 / 分，导弹用激光制导。夜间观瞄仪器采用微光电视。发动机为水冷增压柴油机。行动装置采用扭杆式悬挂装置。炮塔采用夹层装甲，车体两侧装有 5 毫米厚的侧裙板。车内配备三防装置。该车不具备浮渡能力。这是其与世界同类战车相比不足的地方。

→89 式步兵战车侧视图

89 式步兵战车采用先进的火控系统，具有较强大的火力。主炮可对付空中目标和压制地面目标。89 式步兵战车采用的主要武器是瑞士厄利肯公司制造的 KDE 35 毫米机关炮，与日本陆上自卫队 87 式自行高炮、L90 牵引式高炮使用的 KDA35 毫米机关炮基本相同。该车的火控系统主要包括瞄准镜、测距仪、炮塔驱动机构和控制装置等。

↑89 式步兵战车前视图

→89 式步兵战车炮塔两侧的反坦克导弹发射装置和烟幕弹发射器

该车具有良好的防弹外形，与 M2、“武士”、“黄鼠狼”2 等西方新型步兵战车不同的是，其车体两侧各设有 3 个球形射击孔。车体侧面上部采用了倾斜装甲板，提高了防弹效能。

它是世界上最贵的步兵战车，每辆高达 486 万美元，比美国的 M1A2 坦克还贵，主要作用是和 90 式主战坦克协同行动。

# 南非“大山猫”105型装甲侦察车
## ——“大羚羊”的替代者

**南非“大山猫”105型装甲侦察车**

| | |
|---|---|
| [出生地] | 南非 |
| [装备时间] | 1990 |
| [乘员（人）] | 4 |
| [战斗全重（t）] | 28 |
| [车长（m）] | 7.1 |
| [车宽（m）] | 2.9 |
| [最大速度（km/h）] | 120 |
| [最大越野速度（km/h）] | 60 |
| [最大行程（km）] | 1000 |
| [涉水深（m）] | 1.5 |

“大山猫”105型装甲侦察车的研制工作始于1976年，是在“大山猫”76装甲侦察车的基础上研制而成的，主要特点是用105毫米线膛炮取代了76毫米火炮。该车的全面研制始于1985年年底，首辆“大山猫”装甲侦察车于1989年完成，并于1990年正式装备当时的国防军。

↓“大山猫”105型装甲侦察车

1978年安哥拉内战爆发后，南非卷入战争。面对变化多端的游击战争，南非军方装备了16年的“大羚羊”遇到难题：它既没有足够的装甲来保护自己，也缺乏能够执行搜寻摧毁任务的火力，南非迫切需要一种中型地面车辆，并且要求是轮式装甲战斗车，不能像坦克那样笨重缓慢，但要有和坦克一样的远距离火力，于是“大山猫”105型装甲侦察车就诞生了。

新型装甲车以南非山猫命名，该车乘员4人，包括车长、炮长、装弹手和驾驶员。它能全天候高机动作战，主要负责战斗侦察和区域安全任务。

↑训练中的“大山猫”装甲侦察车。如同真正的山猫一样凶猛。自20世纪80年以来，“大山猫”就开始替代“大羚羊”，作为南非国防军的高机动战斗车辆参加行动。

下面我们就以“大山猫”105型装甲侦察车为例，来看看其优异的性能指标。

“大山猫”105型装甲侦察车车长7.1米，驱动方式为8×8。驾驶员位于车体前部，车长位于炮塔内右侧，炮长位于车长位置前下方，装填手位于炮塔内左侧。装填手有一个向后开启的单扇舱门，并配有两具昼用潜望镜。可根据需要安装中央轮胎压力调节系统。动力室位于车体后部。

“大山猫”105型装甲侦察车的车体及炮塔全部用装甲板焊接而成，车首可防护南非广泛采用的地面防御和防空兵器——俄制3 y -23轻型高射机枪发射的23毫米穿甲弹。车体具有良好的反坦克地雷的防护能力。为保护乘员免遭核生化威胁，该车配备了带过滤器的集体超压系统，该系统与可为每个乘员提供冷气的16千瓦空调系统安装在一起。炮塔两侧各装有一组4具81毫米烟幕弹发射器，该车还可施放热烟幕。在车体两侧，第2桥和第3桥之间各有一个紧急舱口。

“大山猫”105型装甲车安装有3种火控系统，即初、中、高级火控系统。“大山猫”105首辆样车采用的是中级火控系统。主稳定火控系统，即带热像夜视仪的高级火控系统已通过鉴定并准备投入生产。因为采用模块化设计，因此用户可以根据可靠性需求进行升级或降级。

南非于20世纪90年代改装“大山猫”时，已经把目光对准国际市场，由于它采取模块化设计，能够按照客户的不同要求进行改装。如美国版的“大山猫”就有“21世纪旅及旅以下部队战场指挥系统”FBCB2，它能为部队提供“数字战场”通信功能，此外还有轻型精确GPS接收器。

# 新加坡“比奥尼克斯”步兵战车
## ——东南亚第一铁骑

**新加坡“比奥尼克斯”步兵战车**

[出生地]…………新加坡 / 新加坡动力技术公司
[装备国家]…………新加坡
[装备时间]…………1999
[乘员（人）]…………2
[战斗全重（t）]…………19.5
[车长（m）]…………6.57
[车宽（m）]…………（带裙板）3
[车高（m）]…………（至炮塔顶）2.54
[最大速度（km/h）]…………70

1989 年，新加坡动力技术公司开始实施步兵战车研发计划，以补充并替换现役的美制 M113 型装甲战车。1990—1993 年，制造出 3 辆样车，供研制试验用。针对样车在试验中出现的问题，研制单位对样车进行了重新设计和改进。1995 年 7 月，该车设计定型。1996 年，新加坡陆军选择“比奥尼克斯”步兵战车作为现装备 M113 的后继车。1997 年 9 月正式投入生产，定名为“比奥尼克斯”（Bionix，简称 BX）。1999 年首批车辆交付部队。新加坡动力技术公司还极力向国际市场推销该车。

新加坡是马来半岛南端的岛国，自独立以来，国防力量从无到有、从小到大，已建立起一支包括 6 万常规军、20 余万后备军，拥有导弹、潜艇、F-16D/F 战斗机、KC-135 空中加油机、“支努干”直升机和 M1 主战坦克等比较先进的重型中远程军事装备的武装部队，其武器之精良在东南亚是数得着的。近年来，新加坡自行研制出了“比奥尼克斯”履带式步兵战车。

*KC-135 空中加油机。新加坡军队武器之精良在东南亚首屈一指。*

“比奥尼克斯”步兵战车为普通结构形式，即车体前部是驾驶室－动力装置部分，中部为炮塔，载员舱位于车辆后部，有一个大的跳板式后门供载员出入。该车具有良好的操作简便性、行驶舒适性及维修方便性。因武器尺寸较小，“比奥尼克斯”40/50步兵战车在战斗室上方设有两个折叠舱门，而“比奥尼克斯”25步兵战车只有一个横向的舱门。

“比奥尼克斯”25炮塔上装有两挺7.62毫米机枪。“比奥尼克斯”40/50步兵战车炮塔上装有1挺12.7毫米重机枪。

↑“比奥尼克斯”侧视图

←“比奥尼克斯”步兵战车尾门特写

“比奥尼克斯”25步兵战车装有一个双人炮塔，炮塔上装有1门25毫米机关炮。“比奥尼克斯”40/50步兵战车装有一个单人炮塔，炮塔上装有一个40毫米榴弹发射器。

“比奥尼克斯”步兵战车车体由装甲钢制成。战斗室内有防崩落衬层。车辆四周的基本装甲可防14.5毫米穿甲弹。带陶瓷成分的附加装甲使车辆正面可防25毫米动能弹。

该车最具特色的要算其传动装置，传动装置具有无级变速和无级转向双重功能，在当今世界上，也称得上相当先进了。公路最大时速为70千米，可空中运输。

这种步兵战车兼具轻型火力支援车和装甲输送车的功能，主要用于战场近程火力支援和运送步兵。除此型车外，还有架桥车、装甲抢救车等车型。虽然“比奥尼克斯”在技术性能上称不上世界最好，但是它的采购价仅为140万美元，因此在2000年欧洲萨托利陆军装备展览会上，该车颇受瞩目。

# 芬兰 AMV 模块化装甲车——冰原铁骑

## 芬兰 AMV 模块化装甲车

[出生地]…………芬兰 / 帕特里亚车辆公司、芬兰国防军
[乘员（人）]…………2
[战斗体重（t）]…………24
[车长（m）]…………7.4
[车宽（m）]…………2.9
[车高（m）]…………2.3
[车底距地高（mm）]…………450（高度可调整）
[主要武器]…………双管 120 毫米迫击炮系统（AMOS）
[辅助武器]…………“重拳”炮塔、“厄利肯”25 毫米机关炮、“德尔科”LAV-25 炮塔、“大毒蛇”25 毫米自动机关炮

AMV 模块化装甲车是芬兰帕特里亚车辆公司和芬兰国防军合作研制而成的系列装甲车，目前研制和试验都已完成。根据合同，帕特里亚车辆公司于 2001 年年底前为芬兰国防军生产了两辆步兵战车型组件式装甲车样车，在 2005—2008 年间完成芬兰 100 多辆模块化装甲车的生产；2004—2013 年间完成波兰订购的 690 辆模块化装甲车的生产。

芬兰地势低平，湖泊众多，素有“千湖国”的美称。芬兰不仅自然景色秀美，而且军工产品也蜚声海内外。芬兰研制的 XA-180、XA-200 系列 6×6 轮式装甲车早已装备欧洲多个国家，并成为这些国家的主要维和装备。最近，芬兰研制出的模块化装甲车更是别具一格，让世人眼睛为之一亮。

AMV 模块化装甲车于 2000 年完成了首辆样车。其在研制过程中成功地借鉴了 XA 系列 6×6 装甲输送车的设计研制和生产经验，XA 系列装甲车自推出以来，已广泛用于执行各种任务。

↑冰原铁骑——AMV 模块化装甲车。现在的用户要求装甲车不仅具有较好的机动力，而且要有更大的搭载能力和更低的使用维修费用，这些要求促成了模块化装甲车的出现。

车体由高硬度钢板焊接而成，设有双间隔边板以加装附加装甲，其装甲可抵御 7.62 毫米机枪弹和 30 毫米尾翼稳定脱壳穿甲弹等多种武器的攻击，还可抵御 10 千克 TNT 地雷的攻击。

采用 8×8 全轮驱动方式，前 4 轮动力转向系统，轮胎采用 14.00R20 型中央轮胎充气系统泄气保用轮胎。

←风雪中静立的冰原铁骑——AMV 模块化装甲车

AMV 模块化装甲车驾驶员位于车内的左前侧，车长位于驾驶员的后面。该车的基本构造有别于帕特里亚车辆公司的前三代轮式装甲车，特别是将发动机从驾驶员后部移至车体右前侧。车内具有宽敞的空间，容积大于 13 立方米。系统平台车的后部有一个较高的舱室，舱内右侧是动力组，左侧是驾驶员和车长，其内部空间用于安装指挥、通信、救护和电动桅杆设备等。该车还装备有信号管理系统和被动装甲组件。

该车采用了“堪斯尼亚”DI 12 型发动机。该发动机有两种输出功率，在最大扭矩 1670 牛米时，输出功率为 294 千瓦，当最大扭矩 1970 牛米时的输出功率为 360 千瓦，发动机的工作容积为 11.7 立方分米。采用电子控制的燃油喷射。其传动装置选用了德国 ZF 公司“埃克玛特”7HP902 全自动传动装置，有 7 个前进挡和 1 个倒挡。该车采用了传统的中央传动轴装置，它将动力传至 8 个车轮，而每个车轮都是独立定位，4 个前导向轮由双叉形杆定位，而 4 个后轮则安装在从动臂上。备选装备包括中央轮胎压力调节系统和防滑制动系统。悬挂装置为独立液气悬挂装置。

据分析，在未来的几年内，芬兰帕特里亚公司生产的 AMV 模块化装甲车及其 NEMO120 毫米迫击炮系统都将得到大幅发展，其采购数量还会不断地攀升。据芬兰帕特里亚公司表示，目前该公司的 AMV 模块化装甲车采购数量已经达到 1200 多辆。

↑目前采购 AMV 模块化装甲车的国家除了芬兰本国和阿联酋以外，还扩展到克罗地亚、波兰、斯洛文尼亚和南非等地区。

**其他重要技术数据：**

公路载重（t）→10
水上载重（t）→8
轮距（m）→2.45
最大公路速度（km/h）→105
水上行驶速度（km/h）→8
最大公路行程（km）→800
涉水深（非两栖型）（m）→1.5
爬坡度（%）→31
越壕宽（m）→2.2
过垂直墙高（m）→0.7

# 瑞士增强型“锯脂鲤”Ⅳ（8×8）步兵战车——铁骑新姿

**瑞士增强型“锯脂鲤”Ⅳ（8×8）步兵战车**

[出生地]…………瑞士 / 莫瓦格公司
[乘员（人）]…………3
[战斗全重（t）]…………25
[车长（m）]…………7.24
[车高（m）]…………（至炮塔顶）2.54
[最大公路速度（km/h）]…………100
[最大公路行程（km）]…………750
[爬坡度（%）]…………31
[越壕宽（m）]…………2
[涉水深（m）]…………1.5
[主要武器]…………30 毫米机关炮
[辅助武器]…………7.62 毫米并列机枪、76 毫米的烟幕弹发射器

20 世纪 70 年代初期，为满足国内瑞士陆军和世界军火市场，瑞士莫瓦格公司以私人投资的方式发展了“锯脂鲤”4×4、6×6 和 8×8 步兵战车。首辆样车于 1972 年完成，1976 年开始生产首辆产品车。2001 年 9 月在英国防务装备展览会上展出了“锯脂鲤”Ⅳ步兵战车样车。2003 年推出了“锯脂鲤”Ⅳ（8×8）步兵战车。

↑阅兵式上的“锯脂鲤”Ⅳ（8×8）步兵战车

20 世纪 70 年代轮式装甲车开始崛起，这主要归功于当时世界各国积极发展公路网，便于轮式装甲车的使用。20 世纪 90 年代，轮式装甲车得到了迅速普及。这是因为冷战结束后，国际上的军事斗争多趋向于小规模的武装冲突。受这一影响，轮式装甲车的作用得到了进一步提高。在众多的轮式装甲车中，最引人注目的要算瑞士莫瓦格公司研制的“锯脂鲤”系列装甲车。

“锯脂鲤”Ⅳ（8×8）步兵战车是在“锯脂鲤”Ⅳ（8×8）装甲输送车的基础上发展而来，其内部空间增大到 12 立方米，因此车辆的有效载重也更大，对地雷和直瞄射击武器的防护级别也更高，可以保证完成战场上的多种任务。

“锯脂鲤”Ⅳ（8×8）步兵战车沿袭了传统装甲车的车体结构，前部左侧是驾驶室，右侧为动力室，车体后部是载员室。“锯脂鲤”Ⅳ（8×8）步兵战车的乘员为 3 人，车长、炮长和驾驶员，还可容纳 8 名载员。该车采用“锯脂鲤”Ⅳ装甲输送车的底盘，车体上部中央安装了电驱动双人炮塔。

↑"锯脂鲤"IV（8×8）步兵战车车体为防弹钢板焊接结构，但车体棱角显得圆滑。

该车安装了与坦克炮塔结构类似的双人炮塔，这是为了让该车能够安装低后坐力坦克炮，从而超出装甲车辆的范围，进入机动火炮领域。该车的主要武器为1门30毫米"大毒蛇"机关炮，辅助武器为1挺7.62毫米并列机枪和可发射榴弹的76毫米烟幕弹发射器。30毫米机关炮的弹药基数为190发，7.62毫米机枪弹的弹药基数为400发。

"锯脂鲤"Ⅳ（8×8）步兵战车采用了MTU公司研制的大功率柴油发动机，输出功率为397千瓦。

正在进行水上试验的装有LAV-25炮塔的"锯脂鲤"ⅢC步兵战车

该车采用了可调节车高的液气弹簧悬挂装置，所有车轮都安装有液气悬挂装置，使得该车具有更好的机动性能、强大的火力和接近于履带式车辆的防护能力。该车采用了中央轮胎充气系统和大直径395/85R20泄气保用轮胎。

"锯脂鲤"Ⅳ（8×8）步兵战车还装有附加装甲和反地雷装甲，其最高防护水平为5级，车体正面可以抵御25毫米脱壳穿甲弹的攻击，全车能够抵御14.5毫米枪弹的攻击。该车还采用了独特的防爆技术，其车底部装甲可以抵御9千克地雷爆炸的攻击。另外，还采用了降低信号特征技术，进一步提高了防护能力。

**龙文小百科　轮式装甲车**

轮式装甲车辆与履带式装甲车辆相比，具有公路行驶阻力小、所需功率少、油耗低、震动小、噪声低、速度快、行驶平稳、购置费用少、寿命长、维修简便、使用经济等一系列优点，是机械化步兵部队和快速反应部队、快速部署部队的主要装备之一。它的缺点是越野性能和承载能力不如履带式装甲车辆。

轮式装甲车辆的武器随着技术的发展，已由最初的机枪、小口径自动炮发展到大口径火炮（90~105毫米），作战用途也随之发生变化。

# 第3章 自行火炮

自行火炮是指与车辆底盘结合为一体，能自行运动的火炮。主要用于配合坦克部队和摩托化部队作战，及时为其提供火力支援。现代自行火炮具有机动性和防护性好、装有自动装弹机、射速快等优点，在许多发达国家的军队里，它有逐渐取代牵引式火炮的趋势。

# 自行火炮——战争之王

在神奇的兵器王国，火炮的发展源远流长，约在13世纪末14世纪初，我国已经制造出了最古老的火炮——火铳。这种兵器在战场上大显身手，因此，被人们称为“铜将军”。到了明代，随着火铳发展的结构和型号不同，而有“大将军”、“五将军”及“夺门将军”等雅号。

公元13~14世纪，我国发明的火药和火器西传以后，近代火炮开始在欧洲出现。17世纪，欧洲人根据火炮身管和弹道特性，把火炮区分为臼炮、加农炮和榴弹炮。到第一次世界大战时，炮兵已成为主要兵种。斯大林曾高度评价炮兵是“战争之神”，美国的军事理论家称炮兵为“战争之王”，毛泽东也曾说“没有炮兵，就没有胜利”。

↑最古老的火炮——火铳

自行火炮是一种可以长距离自行机动的火炮，它是随着坦克、机械化部队的发展而逐步发展起来的。

1917年，在第一次世界大战中坦克诞生后不久，法国人为了使笨重的牵引式炮具有更好的机动性，能够在各种地形条件下迅速地转移阵地，便在一辆履带坦克底盘上安装了一门野战炮，使其具备了机动越野性能，这便是世界上第一门自行火炮。但这时的自行火炮没有装甲防护，只适用于对步兵进行火力支援。尽管法国在第一次世界大战中使用过155毫米自行火炮，但是自行火炮真正投入使用还是在第二次世界大战中。

→大炮中的巨无霸——德国“多拉大炮”。它是为挑战“巴黎大炮”而研制的，诞生于第二次世界大战期间。

→第一次世界大战中著名的“巴黎大炮”，这是它的设计图纸。

在第二次世界大战期间，自行火炮得以迅速发展，在战争中发挥了重要作用。战后以来，由于强调机动力、火力、防护力的有机协调，自行火炮的发展倍受重视，大有取代牵引火炮之趋势。目前，几乎所有牵引式火炮都研制了自行式火炮的派生型。

进入21世纪后，世界进入了所谓的“冷战后时代”，大规模的战争减少，但各种中低强度的局部战争不断发生。许多国家为适应新的形势，纷纷组建了快速反应部队。这些部队必须拥有良好的战略机动能力，能在短时间内投入世界上的任何战场，这就要求尽可能使用重量较轻的武器装备。而目前各国使用的履带式自行火炮，重量大多在30吨以上，有的甚至重达55吨，远途运输十分困难。加之如今世界范围内公路网的飞速发展，于是，重量轻、行驶速度快、且结构及操作更为简单的自行火炮便优势日显。

轮式自行火炮的重量比履带式火炮要轻得多，一般只有20吨左右，用飞机进行战略机动要方便得多。而且，轮式自行火炮行驶平稳，操作方便，它们的行驶速度高达80千米/时以上，远远超过履带式火炮，具备了高速机动的优势。而且，轮式自行火炮的构造比较简单，利用现有轮式装甲战车或民用载重车就可以进行改装，研制和生产费用比履带式火炮降低35%～50%，部队使用和战场维修费用可降低60%。这对军费有限的第三世界国家和正在削减军费的国家是极有吸引力的。

随着高新技术的迅速发展及其广泛应用，轮式自行火炮的性能还将进一步提高，它们将作为一种新式炮兵武器而在21世纪战场上显示更大的威力。

**龙文小百科** 如何区别坦克和自行火炮？

1.坦克带有可以旋转360度的炮塔，而自行火炮的炮塔则只能旋转一定的角度。

2.坦克的火炮是直瞄武器，俯仰角一般是 -5~+20 度左右，而自行火炮一般是间瞄武器，火炮的俯仰角一般是0~30度之间，有的可以到90度（自行高炮）。

3.坦克的火炮一般是加农炮，而自行火炮则有加农炮、榴弹炮、迫击炮、高炮。

4.坦克的炮塔一般是在车体的前部，而自行火炮的炮塔一般在车体的后部。

5.坦克的火炮一般可以行进间射击，而自行火炮则要有一定的阵地，不能行进间射击。

6.战斗中坦克一般是一线突击的主战车辆，而自行火炮一般是二线火力压制和火力支援车辆。

7.坦克车一般是车自为战，必要时才集火射击，但自行火炮一般是集火压制，很少单炮发射。

# 俄罗斯 122 毫米 40 管“冰雹”自行火箭炮——俄军火力突击的重要力量

## 俄罗斯 122 毫米 40 管“冰雹”自行火箭炮

| | |
|---|---|
| [出生地]…………苏联 | [涉水深（m）]…………1 |
| [乘员（人）]…………6 | [最大行程（km）]…………405 |
| [口径（mm）]…………122.4 | [战斗全重（t）]…………11.5 |
| [射速]…………40 发 /18~20 秒 | [最大爬坡度（%）]…………31 |
| [炮高（mm）]…………2850 | [越壕宽（m）]…………0.875 |
| [炮宽（mm）]…………2690 | [最大时速（km）]…………75 |

122 毫米 40 管“冰雹”自行火箭炮自 1964 年装备苏军部队，至今仍是俄罗斯的制式装备，而且华约及其他约 23 个国家也都装备了这种火箭炮，是目前装备国家最多、装备数量最大的一种多管火箭炮，在第三、第四次中东战争以及在非洲地区进行的战争中，都曾被使用。

该 122 毫米 40 管“冰雹”自行火箭炮威力大、火力猛，结构简单、重量轻。用于压制或歼灭集结地域内的敌有生力量和技术兵器，压制敌炮兵连和迫击炮连，破坏敌野战工事和支撑点。

→122 毫米 40 管“冰雹”自行火箭炮

↓122 毫米 40 管“冰雹”火箭炮多采用嘎斯卡车底盘

→“冰雹”多管火箭炮拖车后部

←俄陆军“冰雹”多管火箭炮部队齐射

→122毫米40管“冰雹”自行火箭炮未来还将进行多种技术升级。

2006年8月，在莫斯科举行的地面部队国际防务展上，俄罗斯SPLAV国营科研生产联合体透露，其将为“冰雹”多管火箭炮设计122毫米制导火箭弹。

新型制导火箭弹将兼容于现有多管火箭炮，但需要对现有火箭炮系统的火控系统进行升级。该火箭弹将采用新型固体火箭发动机，最大射程可达40千米。目前，该火箭弹还处于研制初期，还未进行重要的硬件试验。

# 俄罗斯 9K57 式“飓风”220 毫米多管火箭炮——版本众多的火箭炮

## 俄罗斯 9K57 式“飓风”220 毫米多管火箭炮

| | |
|---|---|
| [出生地]…………苏联 | [发射方式]…………单发、连射、齐射 |
| [乘员（人）]…………4 | [最大射程（km）]…………34 |
| [战斗全重（t）]…………20.04 | [最大行程（km）]…………500 |
| [口径（mm）]…………220 | [最大爬坡度（%）]………… 29.41 |
| [管长（mm）]…………5000 | [高低射界（度）]…………0 ~ +55 |
| [发射间隔（s）]…………1 | [方向射界（度）]…………左右各 30 |

9K57 式“飓风”220 毫米多管火箭炮系统于 1977 年装备苏联陆军的方面军和集团军两级。目前，在俄罗斯装备集团军属火箭炮团，每个团编有 3 个火箭炮营，每营编有 3 个火箭炮连，每连平时装备 4 门炮，战时则装备 6 门，全团共装备 36 门（平时）或 54 门（战时）。该火箭炮可有效压制敌集结步兵，阻止装甲集群的冲击，可在必要的地段上布设地雷。从射程上可弥补师的火力空白。

9K57 式“飓风”220 毫米多管火箭炮采用管式发射装置，共有 16 个发射管，分三层排列，最上层 4 个，下面两层各 6 个。它的最大特点是行军时发射管与发射车成水平位置（炮口向后）。发射时，通过下架使炮口转向发射方向。这种结构有利于调整发射车前后桥的载荷分布，使重心前移，从而改善了火箭炮行军时的爬坡能力。

*9K57 式“飓风”220 毫米多管火箭炮发射中*

←9K57 式“飓风”220 毫米多管火箭炮

↓“喀秋莎”火箭炮

该火箭炮系统主要配用下列战斗部：9M27Ф 火箭弹配用 9H218Ф 整体榴弹战斗部；9M27K1、K2 和 K3 火箭弹分别配用 9H218K1、9H218K2 和 9H218K3 子母弹战斗部；9M59 火箭弹配用反坦克布雷战斗部。

为了保证该火箭炮对弹药的需求，该炮采用“吉尔 –135”卡车作为弹药运输装填车，每辆弹药车可携带 16 发火箭弹。装填时，该车停在火箭炮发射车的一侧，其车尾与发射管对准，然后用吊车的伸缩起重臂将火箭弹逐一推进发射管。16 发火箭弹装填完毕的时间为 20 分钟。

截止到 2000 年 1 月，俄罗斯共生产“飓风”火箭炮 1199 门，其中俄罗斯装备 836 门、乌克兰 139 门、叙利亚 5 门、白俄罗斯 84 门、乌兹别克斯坦 48 门、土库曼斯坦 54 门、哈萨克斯坦 15 门、阿富汗 4 门和摩尔多瓦 14 门。该火箭炮系统曾在 1979 —1984 年的阿富汗战场上使用。

**龙文小百科　第一门现代多管火箭炮——苏联“喀秋莎”火箭炮**

世界上第一门现代火箭炮是 1933 年苏联研制成功的 БМ–13 型火箭炮。这种自行式火箭炮安装在载重汽车的底盘上，装有轨式定向器，可联装 16 枚 132 毫米尾翼火箭弹，最大射程约 8500 米。1939 年正式装备苏军，1941 年 8 月在斯摩棱斯克的奥尔沙地区首次实战应用。当时苏军的一个火箭炮连以一次齐射，摧毁了 NC 德国军队的铁路枢纽和大量军用列车。火箭炮齐射时，像火山喷发炽热岩浆，铺天盖地般倾泻在敌目标上，声似雷鸣虎啸，势若排山倒海。不仅消灭敌人大量有生力量和军事装备，而且给敌人精神上以巨大的震撼。以致德军士兵后来一听到这种炮声，就心胆俱裂。为了保密，当时苏军未给火箭炮定名，但在发射架上标有表示沃罗涅日“共产国际”兵工厂的“K”字。可能由于这个缘故，苏军战士便把这威力巨大的新式武器亲切地称为“喀秋莎”。

# 俄罗斯 9K58 式“旋风”300 毫米多管火箭炮——俄现装备的口径最大的火箭炮

## 俄罗斯 9K58 式“旋风”300 毫米多管火箭炮

[出生地]…………苏联
[装备国家]…………俄罗斯、科威特、阿拉伯联合酋长国、印度
[乘员（人）]…………4
[战斗全重（t）]…………43.1
[口径（mm）]…………300
[管数]…………12
[运动速度（km/h）]…………65
[最大行程（km）]…………650
[高低射界（度）]…………15 ~ 55

9K58 式“旋风”300 毫米多管火箭炮（Б М–30）是苏联于 20 世纪 80 年代中期研制出来的口径最大的多管火箭炮。该炮于 1983 年设计定型，1987 年开始装备部队。它在装备方面军属火箭炮旅和集团军属火箭炮团。

1995 年下半年，科威特订购的 27 套系统开始交货；后来，阿拉伯联合酋长国订购了 6 套；1998 年印度首批购买 6 套，还计划再购买 12 套。

9K58 式“旋风”300 毫米多管火箭炮（Б М–30）共有 12 个发射管，分上、中、下三层配置，上层 4 个并排配置，中、下层则分左右配置，左右各并排配置两个发射管。该炮采用 MA3–543（8×8）型载重卡车底盘，其发射装置安装在底盘的后部，自动化射击指挥系统安装在驾驶舱内，驾驶舱有装甲防护。该火箭炮采用简易控制自动修正系统，其纵向和横向精度均为 1/310。

↓9K58 式“旋风”300 毫米多管火箭炮是当时苏联研制的口径最大的多管火箭炮。

←"旋风"多管火箭炮发射瞬间

↓"旋风"300毫米多管火箭炮

9K58式"旋风"300毫米多管火箭炮系统用于摧毁敌方有生力量、装甲及非装甲的装备。

该炮射程远，威力大，最大射程达70千米，一门火箭炮一次齐射可抛出864枚子弹药，杀伤面积可达67.2 × 104平方米；弹种多，可遂行多种射击任务。该火箭炮发射9M55 K式子母火箭弹，除杀伤子母弹战斗部之外，还可以使用燃烧子母战斗部、反坦克子母雷战斗部、燃料空气炸药战斗部。

为缩短反应时间，斯普拉夫公司正在以一次性使用的P－90型无人驾驶侦察飞行器为基础研制一种"旋风"火箭炮使用的自主目标探测和毁伤评估装置。另外，俄罗斯对"旋风"300毫米火箭炮系统进行了重新设计，并使用了复合推进剂，使其射程由原来的70千米增加到90千米以上，而且射击精度也提高了8%～10%。

# 俄罗斯 2C19 式 152 毫米自行榴弹炮

## ——世界上射速最快的大口径火炮

### 俄罗斯 2C19 式 152 毫米自行榴弹炮

[出生地]…………俄罗斯
[装备国家]…………俄罗斯
[乘员（人）]…………5
[初速（m/s）]…………810
[最大射速（发/分）]…………8
[高低射界（度）]…………−4～+68
[方向射界（度）]…………360
[最大爬坡度（%）]…………36
[涉水深（m）]…………1.2

2C19 式 152 毫米自行榴弹炮是俄罗斯装备的新式火炮之一，它是 2C3 式 152 毫米榴弹炮的后继型，也称为“姆斯塔 −C”榴弹炮，北约称之为 M1990 式。该炮于 1984 年开始研制，主设计师是尤·托马舍夫。1987 年开始批量生产，1989 年开始服役，1993 年在阿布扎比国际防务展览会上首次公开展出。截止到 2002 年 1 月，该炮共生产了 566 门。

2C19 式 152 毫米自行榴弹炮为履带式大口径火炮，射程远、射速高、机动性好，具有三防能力。该炮用于摧毁敌炮兵连队、坦克部队及坦克预备队，破坏敌防御工事，压制敌观测、指挥所，消灭敌有生力量和各种武器。

2C19 式自行榴弹炮主要由火炮、炮塔、底盘等部分组成，战斗全重 42 吨。该炮具有高机动性、大威力和三防能力，能满足现代炮兵的要求，可使用到 22 世纪。俄罗斯目前已将该炮推向世界军贸市场，出售单价约为 160 万美元。

*←俄罗斯 2C19 式 152 毫米自行榴弹炮*

该炮驾驶室位于车体前部，炮塔居中，动力室位于车体后部。该炮的身管是根据2A65式152毫米榴弹炮身管改进而成的，型号为2A64式152毫米长身管火炮，配有三室炮口制退器和炮膛抽气装置。反后坐装置为液压气动式，驻退机和复进机分别装在炮尾部顶端的两侧。

该炮采用自动装填系统，并配有半自动装药装填装置。不同的弹丸可放在同一弹架上，装填控制系统自动寻找输弹槽内所需的弹丸。位于炮塔后面的另一个输弹槽供发射外部弹药时使用，该输弹槽可折叠起来固定在炮塔上，装药输送槽则折叠在炮塔内。这样既可以8发/分的射速发射车内携带的弹药，又可以6发/分射速发射车外供给的弹药。可移动的装填盘和计算机控制的供弹系统允许以最大射速在任何高低与方向射角射击，而不必使身管回到装填位置。

↑俄罗斯2C19式152毫米自行榴弹炮

电力驱动的封闭式全焊接钢制炮塔位于底盘中部，可360度回转。炮塔顶部右前侧有指挥塔，潜望镜观察孔位于炮塔顶左前部。指挥塔上装有1具白光/红外探照灯和1具昼间/红外观察装置。指挥塔顶部安装了1挺HCBT式12.7毫米高射机枪，机枪由炮长遥控，前部两侧各有3具烟幕弹发射器。整个炮塔后壁作为炮弹架，弹药装填装置位于炮塔内左后方。此外，炮塔内还有三防装置。

2C19式152毫米自行榴弹炮连装备6门火炮，配有连长指挥车和排长指挥车（阵地）。指挥车由MTB轻型多用途装甲车改装而成，车内装有平台式定位、定向系统。火炮上安装的显示器可自动显示射击诸元。瞄准装置包括1П22周视瞄准镜（放大倍率为3.7）和1П23望远瞄准镜。

**龙文小百科**

**自行火炮为何要装在履带式车辆上?**

火炮被称为“战争之神”。自行火炮源于第二次世界大战的法西斯德国，当时德国陆军将一种淘汰的坦克底盘装上大口径榴弹炮装备炮兵，当时它的名称是：突击炮。

自行火炮装在履带式的车辆上，是根据物理中讲过“摩擦力”的作用和压强的概念。为了在沼泽地带行进时防止沉重的火炮陷入泥潭，就必须增加接触地面的面积，而轮式车辆接触地面的面积较小，履带式车辆是两条宽带式接触，故而接触面积较轮式车辆的大。因此压强比较小，不易陷入沼泽。

# 俄罗斯“通古斯卡”自行防空系统
## ——“射雕英雄”

**俄罗斯“通古斯卡”自行防空系统**

| | |
|---|---|
| [出生地]…………苏联 | [最大行程（km）]………500 |
| [乘员（人）]………4 | [身管长（mm）]………3478 |
| [战斗全重（t）]………34 | [高低射界（度）]………-6～+80 |
| [口径（mm）]……… 30 | [方向射界（度）]………360 |
| [管数]……… 4 | [携弹量（发）]………1904 |
| [初速（m/s）]………960 | |

20世纪70年代末期，美国研制列装了反坦克武装直升机。直升机载反坦克导弹射程4~5千米，对苏军坦克和装甲车辆的威胁日益增大，而苏军装备的3CY-23-4式23毫米4管自行高射炮射程近、杀伤力不足，并且不具备对付多目标的能力，因而面临严峻的挑战。苏军迫切需要研制新的防空武器系统取代3CY-23-4式23毫米4管自行高射炮，以对付美反坦克武装直升机。“通古斯卡”弹炮合一防空系统正是在这种背景下发展起来的。

↓红场阅兵式上壮观的“通古斯卡”自行防空系统

“通古斯卡”自行防空系统采用GM-352M型履带式底盘，它是MT系列装甲输送车底盘的发展型。

车上装有陀螺仪导航系统、燃气轮机辅助动力装置、三防系统（包括有Y射线探测仪、化学毒剂监视器等）、自动灭火抑爆系统、加温装置、手提式灭火器、通风装置等，不仅使乘员有一个良好的工作和战斗环境，也提高了对原子和化学武器的防护能力。

“通古斯卡”防空系统的最大特点是“有（导）弹、有炮、有雷达”。由于自带搜索雷达和跟踪雷达，因此其具备了独立作战的能力。防空导弹和高射机关炮互相配合，覆盖不同的空域，可以发挥两种武器的特长，互相补充，相得益彰。

↑“通古斯卡”弹炮一体自行防空武器系统

机关炮的杀伤概率为60%，导弹的杀伤概率为65%，使整个系统在重叠空域的杀伤概率达到了86%，几乎是“十拿九稳”。

外国的军事专家评论说：“‘通古斯卡’是同类系统中唯一一种能在其最大射程内有效攻击武装直升机的防空武器。”从这一点来说，它要优于“阿达茨”防空－反坦克武器系统和日本的87式自行高炮。但“通古斯卡”弹炮合一系统基本上不具备反坦克作战能力（未配备相应的弹种），战斗全重也偏重，这是它的两点不足。

世纪之交，俄罗斯军方又完成改进型的“通古斯卡”M1弹炮合一系统。改进的重点包括：采用新的自动攻击目标模式，可将系统反应时间缩短到8秒；采用了改进型的车载稳定系统；雷达和火控系统也作了改进。生产厂商称，改进型系统的抗干扰能力更强，为基本型“通古斯卡”的1.3～1.7倍。

在我国1999年国庆50周年大阅兵中，第12车辆方队即为履带式4管25毫米自行高炮方队。它名为自行高炮，实际上是弹炮合一自行防空系统，和“通古斯卡”是一个类型的武器系统。

# 俄罗斯“联盟”-SV152 毫米双管自行火炮——怪兽出世

“联盟”-SV152 毫米双管自行火炮由现有的 2S19 火炮系统的炮塔和履带式坦克底盘构成。每根炮管都安装有相应的炮口制退器。技术验证车最早完成于 2006 年年底，生产型火炮将采用每侧装有 7 个负重轮的底盘和加大型的炮塔。

↑俄军现役的 2S19 自行火炮

“联盟”-SV152 毫米双管自行火炮系统配备有弹药处理系统，所有弹药都被储藏在炮塔座圈下面。车内共储藏有 50 枚 152 毫米弹头和相应的发射药。整个系统由两名乘员控制，而不是技术验证车中的 5 人。乘员位于车内前部，具有良好的装甲防护。“联盟”-SV 火炮系统将比 2S19 火炮具备更强的火力和更远的射程。

↓俄“联盟”-SV 新型 152 毫米双管自行火炮系统具有多发弹同时弹着射击能力。

“联盟”–SV152毫米双管自行火炮的主要武器为152毫米双管长身管火炮，每门火炮均配装用钛合金制成的“胡椒瓶”形炮口制退器。其系统采用了独特的被称为“拳击手”的液压缓冲装置，在发射过程中。两个炮管交替开炮，发射速度达到15~18发/分。火炮顶端装有1挺12.7毫米机枪，用于防空和自卫。另外，炮塔两侧各配备了一组（3个）电控烟雾弹发射器。

据悉，生产型“联盟”–SV152毫米双管自行火炮将安装新型炮塔，该炮塔可延伸至车体后方以容纳所有152毫米炮弹，同时采用遥控模式进行弹药装填。而弹药将安置在炮塔正下方，也采用自动装填模式。预计生产型“联盟”–SV火炮将携带50枚炮弹及装药，并通过一辆专用装甲运输/装填车进行弹药再装填。

→俄罗斯“联盟”–SV152毫米自行火炮

↑“联盟”–SV152毫米自行火炮样车，其“胡椒瓶”形炮口制退器别具特色。

目前，虽然世界上许多国家都在致力于研制和装备新型自行火炮系统，但没有一个国家像俄罗斯那样，研制出威力如此强大的“联盟”–SV152毫米双管自行火炮。“联盟”–SV152毫米双管自行火炮具有射速高、弹药供应量大、火力强、越野机动性好以及生存能力强等多项优良性能，相信不久就会在“战争之神”的大家族中露出其“野兽”的狰狞面目来！

# 俄罗斯“铠甲－C1”弹炮合一防空系统——俄近程防空系统的拳头产品

采用全履带式底盘的“铠甲－C1”系统

“铠甲－C1”弹炮合一防空系统由俄罗斯图拉仪器仪表设计局研制，用于保护机场、指挥中心等重要军事设施，还能伴随机动部队进行野战防空作战。除作为陆基防空武器外，该系统还能安装在舰船上遂行海上对空防御作战任务。

“铠甲－C1”弹炮合一防空系统由一辆乌拉尔－53234（8×8）越野卡车底盘和一个较大的炮塔组成。炮塔安装在底盘的后部。炮塔上安装有两部六联装9M335（又称57E6）防空导弹发射架、两门2A72型30毫米高射炮、预警雷达、跟踪雷达和光电装置等。两部导弹发射架位于炮塔的两侧，两门火炮则分别位于两部发射架的内侧。

炮塔顶部是预警雷达，雷达天线行军时可折叠。目标跟踪和导弹制导雷达与微光/被动红外等光电探测装置位于预警雷达的下部。当处于战斗状态时，越野卡车靠4个千斤顶来保证系统射击时的稳定性。

另外，俄罗斯还于1999年展出了履带式“铠甲－C1”弹炮合一防空系统，该系统采用全履带式底盘，并使用了不同于轮式系统的新型炮塔，炮塔两侧各装备一部四联装防空导弹发射架，共携带8枚待发导弹。搜索雷达安装在炮塔顶部靠后的地方，跟踪雷达则安装在炮塔的前部。

“铠甲－C1”系统的火控设备包括一部搜索雷达、一部双波段目标跟踪和导弹制导雷达、一个微光/被动红外探测装置、一套数字式计算机控制系统以及相关的导航、侦察和通信设备。

搜索雷达能自动对多达 20 个目标进行预警，并能以较高的精度（方位角 0.4 度、高低角 0.7 度、距离 50 米）发送目标信息，保证目标跟踪和导弹制导雷达以及光电设备快速对目标进行搜索和跟踪，因此系统的反应时间仅为 5 ~ 8 秒。

红外探测装置具有逻辑处理和自动跟踪目标功能，制导精度很高；雷达和红外探测装置都具有较高的抗干扰能力；合理的结构和通道选择能力使雷达和红外探测装置可同时跟踪目标，除了可通过雷达和光电通道同时制导 3 枚导弹分别攻击 3 个目标外，还可以同时制导两枚导弹攻击同一个目标。

“铠甲 – C1” 系统可进行全自动操作，并能根据战斗行动区域内的地形条件和战斗使用方案在独立作战、协同作战、在连指挥车的指挥下作战、根据“主 – 从”原则进行作战 工作状态下遂行防空作战任务。

俄罗斯已经对该系统的 9M335（57E6）导弹进行了改进，改进后称为 57E6УE 导弹，并于 1999 年年初公布了该导弹的详细情况：筒装导弹长 3.2 米，导弹在主发动机段的直径 90 毫米，起飞段的直径 170 毫米；最大飞行速度 1300 米 / 秒，在 18 千米内的平均速度 780 米 / 秒；射程 1 ~ 18 千米，射高 5 ~ 10 千米。配用新型先进的着发加近炸、雷达和自适应引信，战斗部的杀伤半径为 9 米。

→俄罗斯“铠甲 –C1”弹炮合一防空系统

**龙文小百科　弹炮合一防空系统**

弹炮合一防空系统是将防空导弹和高炮共同装在同一辆车体上。导弹射程远，命中精度高，对付中空和较远距离目标非常有效；高炮射速高，精度好，能有效对付低空目标。弹与炮结合，能更有效地对付中、低空目标。

# 美国 M270 式多管火箭炮

## ——倾泻“钢雨”的火神

### 美国 M270 式多管火箭炮

[出生地]…………美国 / 沃特公司
[乘员（人）]…………3
[战斗全重（t）]…………24.56
[口径（mm）]…………227
[最大射程（km）]
M26 型火箭弹…………32
M26A1 增程型火箭弹…………45
AT2 反坦克布雷火箭弹…………40
末制导子母弹战斗部火箭弹…………40
“萨达姆”子母弹战斗部火箭弹…………57
[高低射界（度）]…………−2 ~ +60
[方向射界（度）]…………280

1983 年年初，美国陆军首次装备了 M270 式多管火箭炮。M270 式火箭炮于1991 年 1 月在海湾战争中首次投入战场使用。M270 式多管火箭炮系统的主要任务是实施纵深攻击，包括对炮兵作战和压制防空武器。另外，当战场上临时出现大量目标时，还可用以对身管火炮进行火力补充。

↑M270 多管火箭炮发射瞬间

第二次世界大战以后很长时间内，由于美国过分看重火箭炮的一些缺点而忽视了这种武器的优点，因此一直没有发展多管火箭炮。直到 20 世纪 70 年代，美军才改变了对多管火箭炮的看法，并且自 1976 年起，开始研制和发展自己的多管火箭炮。

1980 年 4 月，美国陆军与沃特公司签订了研制合同，正式转入生产与装备阶段。同年 6 月与该公司签订了首批少量生产合同。1983 财年投入批量生产。

在 20 世纪 90 年代初的海湾战争中，该火箭炮投入战场使用，并配用了第一阶段战斗部，即反人员 / 反装备双用途子母弹战斗部。其威力给伊拉克士兵带来极大的伤亡并造成极大的精神震撼，伊士兵称之为“钢雨”。

但美国在总结该火箭炮在此次战争中的经验教训时，认为其射程还不能满足当前尤其是未来战争的需要，因此，立即着手研制射程可达 45 千米的增程型火箭弹，以弥补其射程上的缺陷。这种增程型火箭弹已经研制成功并装备美国陆军。

↑美制 M270 式多管火箭炮

M270 式多管火箭炮系统主要由发射车、发射箱和火控系统三大部分组成。

M270 式多管火箭炮采用的发射车为 M993 式高机动、轻型装甲履带车。该车是 M2 步兵战车的改型车，它的越野能力和机动性可以与 M1 坦克相媲美。车上 80%的部件为通用部件，如电动机、齿轮箱和缓冲装置等。

每辆发射车均有接收射击任务、确定自身位置、计算射击诸元和瞄准目标的能力。一次装填可发射 12 枚火箭弹或两枚陆军战术导弹。

M270 式多管火箭炮的发射箱一次可装入两个火箭弹发射 / 存贮器，每个发射 / 存贮器装弹 6 枚；或同时装入一个发射 / 存贮器和一枚陆军战术导弹（美军装备型），发射箱上有模版印制的国防部识别码。

为了适应未来战争的需要，提高部队的快速反应能力，美国又在 M270 式多管火箭炮的基础上研制和发展了一种高机动性轻型多管火箭炮系统（HMARS），以供轻型快速反应部队使用。

↑士兵在为M270式多管火箭炮装填弹药

为了解决M270式多管火箭炮系统的微型电路过时报废的问题，美国陆军已于1992财年第四季度开始了火控系统的改进计划。另外，1995财年第四季度，又批准对该系统实施机械部分的改进计划。经过这两项改进的M270式多管火箭炮被定名为M270A1式多管火箭炮。

为了有效攻击集群装甲目标，美国还在研制“萨达姆”子母弹战斗部，该战斗部内装有4颗“萨达姆”子弹。配用这种战斗部的火箭弹的最大射程将增加到57千米，几乎是原型火箭弹射程的两倍。这种战斗部将使用M270A1和高机动性多管火箭炮发射车发射。

美国计划为M270式火箭炮研制的“制导火箭弹”实际是一种弹道修正子母弹，用于攻击坦克、轻装甲车、战场物资补给站等软硬目标。美军要求这种火箭弹的圆公算偏差达到10米，使作战效能相对现装备的M26式火箭弹提高70%。预计将于2012年大批生产，由于英、法、德、意等国也参与了研制，因此到2012年有可能成为北约的制式火箭弹。

↓M270式多管火箭炮首次出现在海湾战争中

# 美国“海玛斯”高机动性火箭炮
## ——家族新成员

**美国“海玛斯”高机动性火箭炮**

| | |
|---|---|
| [出生地] | 美国 |
| [装备国家] | 美国 |
| [乘员（人）] | 3 |
| [战斗全重（t）] | 13.7 |
| [口径（mm）] | 227 |
| [管数] | 6 |
| [发射方式] | 单发、连射、齐射 |
| [行军尺寸（mm）] | 6940×2390×3180 |
| [运动速度（km/h）] | 89 |
| [最大行程（km）] | 480 |
| [高低射界（度）] | −2～+60 |
| [方向射界（度）] | 280 |
| [涉水深（m）] | （有准备）1.538 |

“海玛斯”高机动性火箭炮系统是由美国的洛克希德·马丁导弹与火力控制公司在 M270 式火箭炮的基础上发展起来的，主要目的是研制一种重量更轻、机动性更强、能用 C−130 运输机空运的多管火箭炮系统，以满足轻型快速部署部队的需要。目前，厂家已经研制出 4 套高机动性火箭炮系统，并已将其中 3 辆发射车交付第 18 空降军进行为期两年的评估。美国陆军计划订购 500 门这种火箭炮系统，并于 2005 财年装备第一支高机动性火箭炮系统部队。

↓“海玛斯”高机动性火箭炮

“海玛斯”高机动性火箭炮系统是多管火箭炮家族中的最新成员，它能够在轮式底盘上发射，主要由 M270 式火箭炮的一组六联装定向器、M1083 系列 5 吨级中型(6×6)汽车底盘、火控系统和自动装填机组成。在 5 吨级中型汽车底盘的后部安装了一个发射架，发射架上既可装配一个装有 6 发火箭弹的发射箱，也可以装配一个能装载和发射一枚陆军战术导弹的发射箱。

该炮的火控系统与 M270 式火箭炮的火控系统基本相同，包括电视图像装置、键盘控制器、弹道计算机和 GPS 卫星定位接收机。该炮的工作特点和操作程序及战术技术性能与 M270 式火箭炮基本相同，并且保持着现役多管火箭炮系统的自动装填和自主式作战的特点。

←有“大力神”之美誉的美国 C-130 运输机

该火箭炮系统与 M270 式多管火箭炮相比较，最大特点是重量轻、机动性强。战斗全重仅为 13.7 吨，较 M270 式轻了 44%，能够用 C-130“大力神”中型运输机空运；而 M270 式火箭炮则只能用 C-141 和 C-5 等大型运输机空运。此外，使用轻型底盘可降低生产、使用与维修保养的费用，并因此达到更高的公路行驶速度。

“海玛斯”高机动性火箭炮系统可以发射 M270 式火箭炮现配用的所有各型火箭弹和陆军战术导弹，以及正在研制的新型末敏子母火箭弹、制导子母火箭弹和所研制的系列陆军战术导弹等。

借助火控计算机，全炮可由单兵控制装填弹药和操作发射，在停止间只需 16 秒钟即可完成对目标瞄准。与 M270 式火箭炮相比，占领和撤出阵地用时较少，可以“打了就跑”。

按照发射 M26 型双用途子母弹计算，一个 9 门制的高机动性火箭炮连一次齐射的威力，相当于一个 18 门制的 155 毫米榴弹炮营发射双用途子母弹（72 颗子弹）27 次齐射的威力。即高机动性火箭炮连在 30 秒钟内完成的射击任务，一个 155 毫米榴弹炮营需要花费 12 分钟（720 秒）才能完成。

# 美国B型“斯特瑞克”迫击炮
## ——美国陆军新“王牌”

美国陆军最先组建的两个“斯特瑞克”战斗旅已经装备了“斯特瑞克”A型迫击炮系统，该系统配用以色列索尔塔姆公司的M–120滑膛迫击炮。美国陆军已经研制成功并开始列装系统的改进型——安装在LAVⅢ8×8装甲车底盘上的B型“斯特瑞克”迫击炮系统。该系统能够综合使用60毫米、81毫米和120毫米迫击炮，为“斯特瑞克”旅的步兵部队提供压制火力和呼唤支援火力。

第一支装备B型迫击炮系统的部队是由美国陆军第172旅改编而来的“斯特瑞克”旅，他们已于2005年1月接收首批B型迫击炮系统。

B型“斯特瑞克”迫击炮系统分为3种类型——连属、营属和战斗侦察分队用迫击炮系统。每个步兵连将装备两个连属B型迫击炮系统，每个系统除装备1门120毫米迫击炮外，还装备1门60毫米可拆卸迫击炮，炮车右后部的弹药架上装有77发60毫米迫击炮弹。

每个营属迫击炮排装备4个营属B型迫击炮系统，营属B型迫击炮系统另外装备1门81毫米可拆卸迫击炮，其辅助弹药架经改装后能携带35发81毫米迫击炮弹。

↑LAVⅢ8×8装甲车

“斯特瑞克”旅作战队的士兵在伊拉克执行警戒任务

每个战斗侦察分队装备的两个 B 型迫击炮系统不配属可拆卸迫击炮，能额外多携带 12 发 120 毫米迫击炮弹。

3 种类型的 B 型迫击炮系统都装备联合信号公司研制的新型 M–95 迫击炮火控系统，使每辆迫击炮车都可以独立计算射击诸元，或者单独一辆迫击炮车可以作为火力指挥中心指挥迫击炮排中的兄弟炮车。美国陆军的最终目标是将所有的 A 型迫击炮系统改进为 B 型迫击炮系统，美国陆军预计将采购 250 个 B 型迫击炮系统。

2004 年 10 月，索尔塔姆公司和美国陆军军械研究、发展与工程中心（ARDEC）签署协议，联合研制一种自动化瞄准系统，以使 B 型迫击炮系统和 M–95 迫击炮火控系统完全兼容。这种自动化瞄准系统研制成功后将能够加快 B 型迫击炮系统的作战节奏、减少行军战斗转换时间、减轻乘员疲劳，并能使 B 型迫击炮系统具备多发同时弹着能力和潜在的行进间射击能力。

**龙文小百科** “斯特瑞克”旅——美国陆军转型的标杆

“斯特瑞克”旅，实际上系因车而得名，意即：以“斯特瑞克”轮式装甲车为核心战斗平台的陆军旅。

“斯特瑞克”装甲车是一种 8 轮轻型装甲车，具有重量轻、体积小等突出特点，是美国陆军 20 年以来首次更新的作战车辆，其单车造价为 150 万美元，可搭载 11 名士兵。按照计划，美国陆军在 2008 年前采购总数为 2131 辆“斯特瑞克”装甲车，来装备 6 支“斯特瑞克”旅战斗队。

作为美国陆军最有威力的快速攻击部队，“斯特瑞克”旅可由卡车或大型运输机运往全球任何地区进行机动作战，其能够在接到命令后的 96 个小时内投入全球任何地方作战，既能执行战斗任务，也能执行战斗支援、战斗保障任务；既能执行小规模的应急作战，又能起到威慑和阻击的作用。另外，其还具备与陆军、空军等多军种联合作战的能力。

正在发射的 B 型“斯特瑞克”迫击炮

# 美国 M109 式自行榴弹炮

## ——拥有多个世界之最

涉水行进中的 M109A5 式自行榴弹炮

M109 式 155 毫米自行榴弹炮于 20 世纪 50 年代初开始研制，1959 年初制成第一门样炮，型号初定为 T196E1，1961 年生产两门样炮，1963 年 7 月正式定型为 M109 式 155 毫米自行榴弹炮。其 A2 型为美军主力型号。该炮主要用于为装甲师、机械化步兵师提供间接支援火力。

↑M109 式 155 毫米自行榴弹炮

M109 式自行榴弹炮是世界上装备数量和国家最多、服役期最长的自行榴弹炮之一。该型榴弹炮是第一种使用全方位旋转密封炮塔的大口径自行火炮，最大射程为 14.6 千米，爆发射速 3 发 / 分。M109 式榴弹炮经多次改进发展有 A1、A2、A3、A4、A5 和 A6 等多种型号。

### 美国 M109A1 式自行榴弹炮

美国 1966 年开始对 M109 式进行改进。主要是改用 M185 式 39 倍口径身管，使发射榴弹的射程由 14.6 千米增加到 18.1 千米。1970 年 10 月定型为 M109A1 式。其战斗全重 24 吨，发射榴弹时初速 684 米 / 秒，最大射程 18.1 千米，发射火箭增程弹时最大射程 24 千米。

### 美国 M109A2 式自行榴弹炮

M109A2 式榴弹炮是在 M109A1 式榴弹炮基础上改进而来的，为提高火炮可靠性，1977 年对其进行了改进。重新设计了输弹机等，携弹量由原 28 发增加到 36 发，其中两发为激光制导炮弹。同时还加装了发动机运行报警装置，并对液压系统和乘员安全系统进行了 19 项改进。该型榴弹炮战斗全重 25 吨，持续射速 4 发 / 分。

## 美国 M109A3 式自行榴弹炮

采用 M109A2 式榴弹炮的改进技术将 M109A1 式榴弹炮改装，有时该炮通称为 M109A2/A3 式。M109A3 式榴弹炮主要改进了送弹器、反后坐装置和炮手安全装置。

## 美国 M109A4 式自行榴弹炮

M109A 式榴弹炮 1987 开始装备部队，改进了三防装置以及样车的可靠性和可维修性。

↑M109A3 式自行榴弹炮电脑模拟图

## 美国 M109A5 式自行榴弹炮

M109A5 式榴弹炮增大了药室，使榴弹的射程增大到了 24 千米，持续射速为 8 发 / 分，能在全封闭状态下发射，具有较高生存力。

## 美国 M109A6 式自行榴弹炮

M109A6 式榴弹炮又称“帕拉丁”，由 M109A2/A3 改造而来。小批量生产阶段改造完成的 164 门“帕拉丁”于 1993 年开始装备部队，1993—1999 年进行了大批量改造。

M109A6 式自行榴弹炮

# 美国 M109A6 式“帕拉丁”155 毫米自行榴弹炮——美军炮兵的主炮

**美国 M109A6 式“帕拉丁”155 毫米自行榴弹炮**

[出生地]…………美国
[装备国家]…………美国
[乘员（人）]…………4
[战斗全重（t）]…………约 32
[口径（mm）]…………155
[最大射程（km）]…………（榴弹）24 /（火箭增程弹）30
[最大射速（发 / 分）]…………4
[持续射速（发 / 分）]…………1
[高低射界（度）]…………−3 ~ +75
[方向射界（度）]…………360
[携弹量（发）]…………39
[越壕宽（m）]…………1.83
[涉水深（m）]…………1.05

美军 M109A6 式“帕拉丁”155 毫米自行榴弹炮是美国陆军 M109 系列 155 毫米自行榴弹炮的最新改进型号。其主要特点是装备了弹道计算机、定位导航系统和火炮驱动伺服系统的自动火控系统、数字电台以及初速测定系统，大大提高了装甲防护能力、三防能力、机动能力和夜视能力，使身管火炮拥有了在现代战场的数字平台上与其他部队和武器装备密切配合协同作战的能力。

↑美国陆军装备的 M109A6 式“帕拉丁”155 毫米自行榴弹炮

M109A6 式“帕拉丁”与以前的 M109 系列榴弹炮相比，在反应能力、生存能力、杀伤力和可靠性方面都有大幅度提高，而且该炮成为美国陆军用于“数字化战场”上的第一种武器系统。

现代化的 M109A6 式“帕拉丁”自行榴弹炮克服了其原型在使用中存在的各种局限性，使现有的部队结构能更有效地发挥作用。该炮配用了自动化火控系统，安装了炮上弹道计算机与定位导航系统、火炮自动定位装置和单信道地面与空中无线电系统，使其快速反应能力大大高于美陆军现装备的 M109A2/A3 式自行榴弹炮。

M109A6 式“帕拉丁”自行榴弹炮通过战术射击指挥系统和先进的野战炮兵战术数据系统与其他的目标探测和武器系统相连接，无论在白天还是夜间都能在 60 秒钟内完成独立接收射击任务、计算射击诸元、占领发射阵地、解脱炮身行军固定器、使火炮瞄准目标和首发命中目标这一系列操作。

该炮提高了对轻武器火力和炮弹破片效应的防护能力，对核生化的防护能力也更强。火炮发射后，能立即转移到一个新阵地，并执行另一项射击任务。该炮所具有的这种“打了就跑”的能力，再加上它在设计时所采取的减小易损性的措施，不仅使它的生存能力得到很大提高，而且能够确保在整个战斗中有更多的榴弹炮能坚持战斗，以支援己方的机动部队。

←“帕拉丁”自行榴弹炮发射瞬间

↓“帕拉丁”自行榴弹炮野外训练

美陆军认为，该炮底盘的发展已接近极限，改进余地甚小。改进的重点已放在火控系统和弹药方面，特别是对计算机的升级、GPS 系统等信息化设备的增设和改进。由于“十字军战士”自行榴弹炮研制计划的流产，预计 M109A6 式“帕拉丁”榴弹炮的服役年限会更长一些，而且会进一步采取改进措施。

# 英国 AS90 式 155 毫米自行榴弹炮

## ——创造火炮身管寿命奇迹

### 英国 AS90 式 155 毫米自行榴弹炮

[出生地]…………英国
[装备国家]…………英国
[乘员（人）]…………5
[战斗全重（t）]…………45
[口径（mm）]…………155
[最大射程（km）]…………（榴弹）24.7/（火箭增程弹）30
[最大射速（发/分）]…………6
[持续射速（发/分）]…………2
[高低射界（度）]…………−5～+70
[方向射界（度）]…………360
[携弹量（发）]…………48

AS90 式 155 毫米自行榴弹炮是英国维克斯造船与工程有限公司（现英国宇航系统公司皇家军械防御武器分公司）研制的，1992 年正式装备部队。该炮主要装备在英陆军野战炮兵团。目前，英陆军编有 5 个 AS90 式 155 毫米自行榴弹炮团，每团下辖 4 个连，每连装备 8 门火炮，全团共装备 32 门。

AS90 式 155 毫米自行榴弹炮是英国陆军现装备的唯一一种自行火炮系统，也是西方国家最早列装的新一代现代化的自行火炮，其最大特点是应用了自动瞄准系统，最大射击速度达 6 发/分。

*↓在伊拉克战场上，AS90 式 155 毫米自行榴弹炮曾帮了美军的大忙。*

↑AS90 式 155 毫米自行榴弹炮配合空中力量作战

←AS90 式 155 毫米自行榴弹炮是英国陆军装备的唯一一种自行火炮系统。

该炮采用前置式发动机，增大了战斗舱和发动机舱等处的空间；炮手能比较舒服地在炮塔内工作；发动机舱可容纳功率更大的发动机；增加了携弹量；便于炮手进出，便于补充弹药并便于维护和修理。

炮轮廓低，不易被敌发现；远距离射击精度高；机动性强，能满足各种要求；具有爆发射击能力；炮塔内有“可扩充潜力”，便于将来采用各种新研制的系统；可向机动部队提供高速大密度的支援火力。

此外，AS90 式 155 毫米自行榴弹炮还配有一部火炮自动瞄准系统，它从“贝茨”炮兵射击指挥系统接受目标信息。这种瞄准系统有很大的发展潜力，有可能导致火炮全面的自主式操作，大大减少对乘员操作的需要。

近年来，英国正在着手将现有的 179 门 AS90 式 155 毫米自行榴弹炮改进为“勇敢的心”自行火炮。该炮配用 52 倍口径的身管和南非 M90 式双模块发射装药系统，其火控系统也有改进，发射英国 L15 式制式榴弹和新型弹底排气弹的最大射程分别达 30 千米和 41 千米。

目前，英国还为 AS90 式 155 毫米自行火炮制定了长远改进计划，其中包括在炮塔内配以炮载火控计算机、新型数字式信息传输系统、GPS 全球定位接收机、初速测定仪、车辆电子系统、引信自动装定器和身管温度和曲率传感器等装置，还将配备主、被动式防护系统。估计经过这些改进后的 AS90 式自行火炮将于 2010 年装备部队。

# 英国轻型高机动性火箭炮——中途夭折

为了提高轻型部队的间瞄射击能力，英国陆军从20世纪80年代起就开始轻型高机动性火箭炮系统的研制。如今，该系统已融入了许多新兴技术，不仅能够为英国轻型部队提供全般和近程支援能力，而且还能为中型部队提供火力支援，使中型部队具备目前只有重型部队才有的全般和近程支援能力。

英国轻型高机动性火箭炮是一种远射程（最大射程可达60千米）、高精度的轻型火箭炮系统，目前正处在试验评估阶段。

该炮采用最新一代“素帕凯特”600系列高机动越野车底盘，并配有1个6管227毫米火箭发射箱，该火箭炮将只发射最新的制导型多管火箭炮系统火箭弹（GMLRS），它可以由C-130和A-400M型运输机空运，也可以由CH-47“支奴干”中型运输直升机吊运。

该火箭炮预计于2010年正式进入部队服役，其目标是与重型装甲部队一起为英国轻型部队提供火力支援。

↓英国轻型高机动性火箭炮

# 日本 99 式 155 毫米自行榴弹炮

## ——“当家炮车”

### 日本 99 式 155 毫米自行榴弹炮

[出生地]…………日本
[装备国家]…………日本
[乘员（人）]…………4
[战斗全重（t）]…………40
[口径（mm）]…………155
[最大射速（发/分）]…………6
[持续射速（发/分）]…………2
[高低射界（度）]…………−5～+65
[方向射界（度）]…………360
[越壕宽（m）]…………1.8
[涉水深（m）]…………0.8

99 式 155 毫米自行榴弹炮最初的研制工作已经完成，前两门研制用样炮已完成作战试验和项目评定。截止到 2002 年 1 月已经制造出 6 门研制用和作战试验用自行榴弹炮系统。现已开始小批量生产。在未来 10 年内，日本将生产出 163 门 99 式 155 毫米自行榴弹炮，计划最终装备数量将达到 190 门，用以取代现装备的 75 式 155 毫米自行榴弹炮，作为师属炮兵团的主装备。

99 式 155 毫米自行榴弹炮由 FH70 式 155 毫米榴弹炮的身管、全封闭式炮塔、计算机火控系统和 89 式履带步兵战车底盘组成。由于日本多年仿制瑞典 FH70 式火炮，因此，无需从国外进口该系统配用的 39 倍口径身管。

该炮与日本陆上自卫队现装备的自行火炮的最大区别是：第一，99 式 155 毫米自行榴弹炮配用了先进的火控系统，包括弹道计算机、自动定位定向装置和导航装置；第二，配用了自动装填装置、三防和夜视器材；第三，该火炮可配用多种弹药，其中包括北约集团的制式榴弹、火箭增程弹、子母弹、发烟弹、照明弹、化学弹和日本研制的一族新型弹底排气弹。

可以说，99 式 155 毫米自行榴弹炮已初步满足了 21 世纪信息化战争特点的要求，也是日本自卫队当前装备的技术水平最高的压制身管火炮。

日本 99 式 155 毫米自行榴弹炮野外实战演习

# 韩国 K9“霹雳”155 毫米自行榴弹炮

## ——战神新宠

**韩国 K9“霹雳”155 毫米自行榴弹炮**

[出生地]…………韩国 / 三星造船与重工业公司
[乘员（人）]…………5
[战斗全重（t）]…………46.3
[最大行程（km）]…………360
[爬坡度（%）]…………31
[越壕宽（m）]…………2.8
[涉水深（m）]…………1.5

韩国 K9 自行榴弹炮

1989 年，韩国防卫发展局开始进行新型自行榴弹炮的研制工作。关键性要求包括提高射速、射程、射击精度及缩短行军 / 战斗与战斗 / 行军转换时间以及高机动性等。所有这些将使武器系统的战场生存能力大大提高。经过竞争，韩国三星造船与重工业公司成为新型 52 倍口径 155 毫米自行榴弹炮的主承包商。1998 年，K9 自行榴弹炮最终定型。目前已组建了第一个炮兵营，包括 3 个炮兵连，每个连装备 6 门 K9 式自行榴弹炮。

长期以来，韩国军队的作战思想和装备建设思路都将朝鲜视为主要假想敌。1989 年 7 月，面对朝鲜百万陆军的巨大压力，韩国国防部提出了研制新型 52 倍口径的 155 毫米自行榴弹炮，力图在纵深支援火力上，具有与朝鲜陆军强大的炮兵相抗衡的能力，能够“以质量上的优势换取数量上的差距”。

韩国对陆军装备发展的重视程度是许多国家望尘莫及的。自 20 世纪 70 年代后在美国的援助下，韩国建成一个门类比较齐全的军事工业体系以来，其常规武器发展可谓咄咄逼人。

特别是近年来，韩国陆军除了自行研制出了 KMH 武装直升机、性能不俗的 K1/K1A1 主战坦克、KIFV 步兵战车等主战兵器外，还打造出了符合北约“联合弹道谅解备忘录”标准的 K9“霹雳”155 毫米自行榴弹炮，成为 52 倍口径重型自行榴弹炮的生产国。韩国人称，K9“霹雳”是“亚洲第一，世界第二”的自行榴弹炮。

←K9 自行榴弹炮后视图

←K9 的作战室，右部为炮长位置，左边的门通往驾驶室。

→K9 炮塔特写

在总体布置上，车体前部为驾驶室和动力传动装置，驾驶员位于车体前部左前方。驾驶员有 1 个向后开启的舱门，其上有 3 具潜望镜，中间的 1 具可换为被动式夜视仪。驾驶员的右侧为动力舱。炮塔和火炮在车体的后部，车长和炮长位于火炮的右侧，有 1 个顶舱门；装填手立姿位于火炮的左侧，有 1 个侧面舱。车体后部还有 1 个较大的车门，供乘员上下车和补充弹药。燃油箱位于车体前部右侧，蓄电池位于车体前部左侧。该布局比许多国家沿用主战坦克的发动机后置底盘合理得多，因为发动机后置设计限制了弹药的贮存空间和炮手的活动空间，而自行火炮的专用底盘为补充弹药和人员进出提供方便，也为以后进行技术升级预留较多的空间。

# 韩国“飞虎”30毫米双管自行高射炮系统——对空防御的最后一道屏障

## 韩国“飞虎”30毫米双管自行高射炮系统

[口径（mm）]…………30
[射速（发/分）]…………2×600
[有效射程（km）]…………3
[探测距离（km）]…………17
[跟踪距离（km）]…………7
[底盘]…………KIFV

“飞虎”30毫米双管自行高射炮是韩国大宇重工业公司特种项目分公司自行研制的自行防空火炮。主要担负韩陆军低空防御任务。1983年启动研制计划，1992年完成发射试验和完善评估工作，1999年11月19日通过性能测试，1999年12月交付韩国陆军，该火炮系统与韩国的“天马”防空导弹系统一起构成低空防御网

韩国“飞虎”30毫米双管自行高射炮系统的炮塔安装在新研制的全履带底盘上，炮塔两侧各装备1门瑞士厄利康·康特拉夫斯公司的30毫米自动火炮，炮塔的方向转动和火炮的高低俯仰都是电动的，火炮连发射速为单管600发/分。炮塔的后部安装一部预警雷达，指挥员的固定式瞄准具和火控系统安装在炮塔顶部。火控系统采用了先进的数字化计算机。

探测装置和光电跟踪系统安装在两门火炮中间，用于对飞机和直升机进行全天候跟踪。前者由美国休斯飞机公司研制，后者由通信系统分公司研制。

该系统由热成像装置、电视探测装置、激光测距机和自动化双模跟踪装置组成，其中的激光测距机重复频率高，并且对人的眼睛没有伤害，自动化双模跟踪装置用于锁定在地物干扰中飞行的低空目标。光电跟踪系统原为休斯飞机公司自筹资金研制的，后来赢得了韩国50万美元的生产合同，并于1998年年底开始交货。

“飞虎”30毫米双管自行高射炮系统的炮塔安装在新研制的全履带底盘上。

# 南非 G6 式 155 毫米自行加榴炮

## ——唯一的大口径轮式自行火炮

**南非 G6 式 155 毫米自行加榴炮**

| | |
|---|---|
| [出生地]…………南非 | [身管长（mm）]…………6975 |
| [乘员（人）]…………6 | [高低射界（度）]…………−5～+75 |
| [战斗全重（t）]…………47 | [最大爬坡度（%）]…………40 |
| [持续射速（发/分）]…………4 | [涉水深（m）]…………1 |

G6 式 155 毫米自行加榴炮是南非迪耐尔公司 LIW 分公司在 G5 式牵引火炮的基础上研制的一种轮式自行加榴炮。目前装备该炮的国家有：南非（43 门）、阿曼（24 门）和阿拉伯联合酋长国（78 门）。

G6 式 155 毫米自行加榴炮是南非第一种具全自动瞄准和导航能力的自行榴弹炮，炮身性能与 G5 相同，但在改装成自行火炮后，在炮身中部安装了抽烟装置。采用自紧身管，药室比同级火炮大。炮栓为断隔螺纹式，通过一个凸轮板可实现半自动开栓和闭栓。此外还安装有一种电动射击系统。

↑→G6 式 155 毫米自行加榴炮

底盘为 6×6 的轮式装甲车底盘。驾驶室位于第一车轴前，装有防弹玻璃窗，战斗时用装甲板罩上。发动机在第一与第二车轴之间，为气冷涡轮增压柴油式动力装置，功率 520 马力，单位功率 11.17 马力/吨。变速箱由 6 个前进挡和液压变矩器组合而成。采用独立悬挂装置。轮胎为大型低压胎，便于在沙漠中通行。

在底盘的结构和布局上，都采取了防地雷措施。例如，驾驶员的位置靠前，两侧又有装甲板防护，地雷对驾驶员不会有伤害。驾驶员一旦受伤，炮长在战斗室内可直接进行操纵。底盘底部的装甲结构和形状能承受住 3 个地雷的爆炸。另一项防雷措施是，在底盘前部安装有三角形加强板，板上打有气孔，可使爆炸能量向上散开。

# 法国“恺撒”155毫米自行榴弹炮

## ——当今世界最轻的155毫米口径自行火炮

### 法国“恺撒”155毫米自行榴弹炮

| | |
|---|---|
| [出生地] | 法国 |
| [乘员（人）] | 6 |
| [战斗全重（t）] | 18.5 |
| [最大射速（发/分）] | 6 |
| [持续射速（发/分）] | 3 |
| [高低射界（度）] | +17～+66 |
| [方向射界（度）] | 左右各17 |
| [携弹量（发）] | 至少30 |
| [越壕宽（m）] | 0.9 |
| [涉水深（m）] | 1.3 |

“恺撒”155毫米自行榴弹炮由法国陆军军械工业公司自筹资金研制，劳尔工业集团提供底盘，是一种没有炮塔、卡车搭载的自行火炮，1994年年初完成样炮的试验工作，并于同年6月在巴黎“萨多里武器装备展览会”上展出。1999年法国陆军订购1个连（5套）的“恺撒”155毫米自行榴弹炮已于2008年开始交付使用。美国海军陆战队和马来西亚皇家陆军等也有意购买或仿制。

“恺撒”155毫米自行榴弹炮的设计思想是为快速反应部队提供一种射程远、精度高、进入和撤出战斗快、战略和战术机动性强、便于隐藏的野战火炮，在设计和样炮制造过程中，重量轻的要求一直是力求实现的重点内容，同时又要采用较新的火控系统和定位、定向系统，防止形成一种旧式简易自行火炮的翻版。

↓“恺撒”155毫米自行榴弹炮

全炮由1门52倍口径的身管炮（也可以安装40倍口径和45倍口径155毫米身管）、法国现装备的Tr F1式155毫米榴弹炮的炮架和“奔驰”U2450L型6×6卡车组成，火控系统安装在驾驶舱内。车上装有半自动装填机、中央高压装置、驾驶舱内配有PR4G无线电台、身管测温器及温度报警器。

为了减轻重量和便于空运，该炮没有采用炮塔，而且炮架、驾驶舱、弹药舱及射击稳定器选用铝合金和复合材料制作，使全炮战斗全重18.5吨，空运时可进一步降至16吨。一架C-130型运输机一次即可运送一门炮、弹药及6人的炮班，与此相比，现行装备的Tr F1式155毫米同口径牵引榴弹炮却需要两架C-130运输机，一架运送火炮，另一架运送牵引车、弹药和炮班人员。

↑由于没有炮塔，“恺撒”155毫米自行榴弹炮的火炮和弹药舱处于完全暴露状态，射击时，部分射手也要暴露在外。

↓“恺撒”自行榴弹炮是当今世界最轻的155毫米口径的自行火炮，其公路行进速度较高，进出阵地较快，便于快速作出射击反应，据说从转入战斗状态开始，发射6发炮弹，至撤离阵地为止共费时不足3分钟。鉴于“恺撒”自行炮的这一优点，法国陆军打算用它来取代现行的Tr F1式155毫米牵引炮。

“恺撒”自行榴弹炮的另一大优点是采用了模块结构的火控系统，其中包括CS2002-G型火控计算机、自动瞄准装置、“西格玛”30型导航定位系统、GPS全球定位接收机、RBD4型初速测定雷达、保密的实时数据传输设备，以及备用的手动光学瞄准镜、液压方向机和高低机，因而全炮行进间的系统反应时间仅50秒。

“恺撒”出色的战略空运能力和公路机动性能，使它迅速“走红”，成为快速反应部队的理想装备。然而由于它没有炮塔，射击时炮班人员和火炮要暴露在外，战场生存能力较低，不符合当今高技术战场的作战需要，这是它最大的弱点。

# 德国 PzH2000 自行榴弹炮——树立典范

## 德国 PzH2000 自行榴弹炮

| | |
|---|---|
| [出生地] | 德国 |
| [装备国家] | 德国 |
| [乘员（人）] | 5 |
| [战斗全重（t）] | 55.3 |
| [口径（mm）] | 155 |
| [最大射速（发/分）] | 8～10 |
| [身管长（mm）] | 8060 |
| [高低射界（度）] | −2.5～+65 |
| [方向射界（度）] | 360 |
| [携弹量（发）] | 60 |

为适应21世纪作战需要，德国研制了PzH2000式155毫米自行榴弹炮，1998年开始装备德军。主要装备在野战炮兵营，每营下辖3个炮兵连，每连装备6门炮。到2002年年底，德国陆军已经接收了185辆PzH 2000自行榴弹炮，随着希腊、荷兰、意大利、瑞典相继订购这种武器，PzH2000很快就成为“欧洲自行榴弹炮”。

↑PzH2000 自行榴弹炮出厂

PzH2000型155毫米自行榴弹炮是世界上第一种投入现役的符合北约第二份弹道谅解备忘录的自行榴弹炮，也是目前战术性能最优异的陆军身管压制火炮。该炮拥有高度自动化的导航以及火力控制功能、高精度的火炮操纵系统、高度自动化的弹药操纵系统。

它是世界上最先进的火炮，最大射程为36千米以上，能以高速率发射多种弹药，有效支持机动部队，它的模块式装甲和核、生、化保护系统以及高机动能力提高了整个系统的生存力。PzH2000自行榴弹炮能打击软式和半软式面状目标。当德国陆军采购155毫米智能火炮导引头瞄准弹药后，该榴弹炮能够精确攻击硬式和半硬式单个目标，同时减少附带毁伤。PzH2000自行榴弹炮主要装备为1门52倍口径的155毫米火炮，辅助武器为1挺7.62毫米机关枪。

↑德国PzH2000式自行榴弹炮是目前世界上最先进的火炮。

PzH2000 最大的特点是射程远：在发射 L15A1 北约标准炮弹时，射程为 30 千米；在发射增程弹时，射程达 40 千米。这样它就可以在目前各国装备的火炮的射程外开火，保证了自身的安全。该炮另一个特点是弹药储备量大，车内装有 60 枚弹丸和 67 包装药，能组成 60 发分装式炮弹，是老式 M109 火炮储弹量的两倍多。其配备的弹种有杀伤爆破榴弹、子母弹等。

*↑德国 PzH2000 自行履带榴弹炮原型之一*

*↑PzH2000 自行榴弹炮上舰试验*

*↓PzH2000 自行榴弹炮火力非凡。尤其值得一提的是，PzH2000 安装了自动装弹机，该装弹机可以在火炮任何仰角时给火炮填装弹药，所以它的射速也非常高，达到了 3 发 /40 秒的急射速度和 8 发 / 分的连续射速。*

# 波兰"劳拉"35毫米双管自行高射炮系统——低空猎手

为了满足波兰陆军的作战需求，波兰 CNPEP Radwar 公司研制了"劳拉"35 毫米双管自行高射炮系统，并已生产出首门样炮系统。这门样炮已于2000 年9月成功地完成了一系列的发射试验。

↑波兰"劳拉"35毫米双管自行高炮

"劳拉"35 毫米双管自行高射炮系统的炮塔两侧各装备1门瑞士厄利康·康特拉夫斯公司的 KDA 35 毫米火炮，该火炮能发射标准的35毫米弹药，稍加改进便可以发射性能更为先进的"阿海德"(AHEAD) 35毫米弹药。

该系统炮塔的前端安装一部瑞典埃里克森公司的"鹰"Mk1 跟踪雷达，炮塔顶部后端安装的是 CNPEP Radwar 公司为该系统新研制的三坐标预警雷达，这两种雷达都具有现代化抗电子干扰能力。该系统还装备有敌我识别系统。

该系统装备的光学仪器包括法国的第三代"萨格姆"红外摄像机以及波兰 PCO 公司研制的昼用电视摄像机和激光测距机。

炮塔安装在波兰陆军装备的 PT-91 主战坦克底盘上，该坦克是 T-72M1 主战坦克的改进型。

波兰还计划以该高射炮系统为基础研制"劳拉"防空导弹系统，目前有两种备选防空导弹，它们是瑞典萨伯·博福斯公司的"巴姆塞"导弹和南非肯特龙公司的 SAHV-3 导弹。这种自行式防空导弹系统于2006年投入生产，它与"劳拉"高射炮系统有大约60%的通用性。

如果资金允许，波兰计划同时装备这两个型号的防空系统，各装备70~80套，估计它们将于2010年开始服役。

→波兰"劳拉"自行高炮采用 PT-91 主战坦克底盘。

# 瑞典“阿莫斯”120 毫米双管自行迫击炮——炮中极品

## 瑞典“阿莫斯”120 毫米双管自行迫击炮

[出生地]…………瑞典、芬兰 / 瑞典赫格隆车辆公司、芬兰帕特里亚公司
[乘员（人）]…………2
[口径（mm）]…………120
[最大射速（发 / 分）]　履带式…………24
　　　　　　　　　　　轮式…………20
[持续射速（发 / 分）]…………12
[身管长（mm）]　履带式…………3000
　　　　　　　　轮式…………2400
[高低射界（度）]　履带式…………−5 ~ +85
　　　　　　　　　轮式…………+35 ~ +85
[方向射界（度）]…………360
[携弹量（发）]…………46

该炮由瑞典和芬兰共同研制，1999 年投产，2000 年首先装备芬兰陆军。此外，瑞典、丹麦、挪威三国也打算装备此炮，只是将配用各自选用的底盘。

“阿莫斯”120 毫米双管自行迫击炮是世界上第一种正式列装的炮塔多联装式自行迫击炮。它射速高、防护性能好、快速反应能力强、携弹量大和全向射击能力等优点已引起世界关注，为迫击炮的发展开拓了新途径。

↓世界上第一个正式列装部队的机动迫击炮——“阿莫斯”120 毫米双管自行迫击炮

“阿莫斯”120 毫米双管自行迫击炮炮塔适于安装到多种底盘上，如瑞典的 CV90 式履带式装甲战车、芬兰的 AX0185 式轮式（6×6）装甲车、瑞士的“剪刀鱼”轮式（8×8）装甲车、美国的 M113 式履带装甲车和俄罗斯的 M T－Л Б 式履带式步兵战车等。

该炮由双联装120毫米滑膛迫击炮、封闭式炮塔、炮载火控系统和轮式或履带式装甲车底盘组成。所用火炮有长、短身管两种：履带式底盘配用长身管，采用炮尾装填，并附有半自动装填装置；轮式底盘配用短身管，炮口装填，但借助一个特殊的装置炮手可在炮塔内进行手工装填。芬兰只采用炮尾装填的长身管迫击炮。

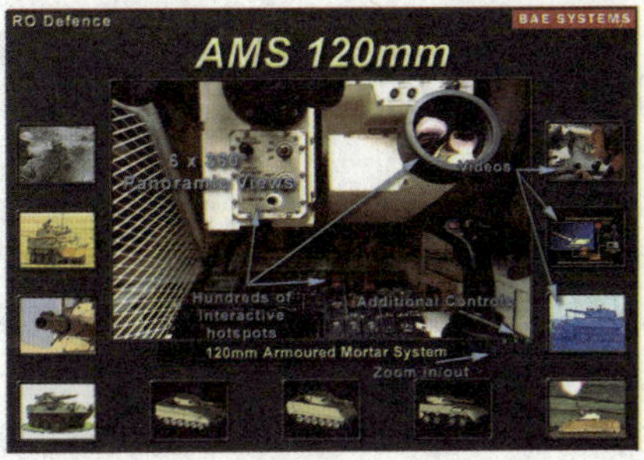

↑“阿莫斯”120毫米双管自行迫击炮细节示意图

全焊接钢制炮塔可抵御轻武器与炮弹破片的攻击。两炮管共用一个摇架，但各自装有液压驻退机和液压复进机，可单独后坐与复进。尾装式炮管采用半自动立楔式炮栓，使用旋转式装填机从炮尾装弹，两炮管间装有一个抽烟器。

炮塔的方向转动与火炮的高低转动以电力驱动为主，但辅以手工驱动，射击时双管一起发射，因而射速较大且可以实施多发同时弹着射击。炮塔内配有光学和电子计算机火控系统、定位导航系统，所以具有自主作战能力。

↑搭载在瑞典CV90履带式步兵战车上的“阿莫斯”120毫米双管自行迫击炮

“阿莫斯”迫击炮配用的迫击炮弹有榴弹、增程弹、发烟弹、照明弹、“林鸮”制导炮弹。瑞士与以色列还共同为此炮研制了一种子母弹，内含32枚反装甲/反人员双用途子弹，子弹可形成900块破片，能侵彻70毫米厚的钢甲板。炮尾装填式迫击炮可以行间瞄、直瞄射击，能发射榴弹炮弹药，据称发射一种120毫米口径的弹底排气弹时最大射程达13千米。

该炮具有三防性能，可在核、生、化条件下作战。

**龙文小百科**

**“战场轻骑兵”——自行迫击炮系统**

为了配合机械化部队和装甲部队的机动作战，从20世纪80年代初开始，各国纷纷发展自行迫击炮。它们有两种不同类型，一种是把原有的迫击炮搬到车上，它实际上是车载迫击炮，也是一种滑膛炮；另一种则采用后膛装填，有膛线和制退复进装置，可以完成榴弹炮和迫击炮双重任务的称迫榴炮，可完成加农炮和迫击炮任务的称加农迫击炮。这种自行迫击炮在紧急情况下大多可以直接瞄准射击，如反坦克等。由于它保持了高角射击，所以依然叫它迫击炮。

↑“阿莫斯”120毫米双管自行迫击炮

# 新加坡“普赖默斯”自行榴弹炮

## ——东方第一火炮

20世纪90年代初，由新加坡武装部队、国防科技局和新加坡技术动力公司三方联合研发了一种名为SSPH1“普赖默斯”（Primus）的新型155毫米/39倍口径自行榴弹炮（“Primus”在拉丁文中是“第一”的意思，取自炮兵部队的拉丁文训言——“In Oriente Primus”，即“东方第一”）。

历经6年的联合技术开发，该系统已经研制成功并作为第一种全履带式自行榴弹炮于2003年11月正式装备新加坡陆军。

↑“普赖默斯”自行榴弹炮的底盘是世界上应用最广的M109式155毫米自行榴弹炮的底盘。

↓“普赖默斯”自行榴弹炮静态展示

新加坡军队的规模虽然在亚洲最小，但是却装备有在该地区最先进的武器系统，“普赖默斯”自行榴弹炮便是其中典型的代表。

“普赖默斯”榴弹炮列装后受到有关方面的一致好评。据该炮的承包商新加坡技术动力公司透露，该炮的火力与尺寸/重量比率达到了一个新的标准，在机动性、火力和射击精度方面，没有其他同类火炮能够和它相媲美。虽然该公司的“溢美之词”尚待验证，但是“普赖默斯”榴弹炮将155毫米身管火炮的射程和火力与一种非常轻的履带式底盘结合起来，自然有其独到之处。

一套完整的“普赖默斯”系统主要由火炮系统、配套的弹药补给车和指挥车组成。在全装甲保护状态下，弹药补给车可直接向火炮提供弹药补给。其具有以下技术特点：

一是配用了炮载惯性导航系统（INS）和弹道计算软件，能够对自身的位置坐标和射击方向进行随机修正，从而使该炮在确定火炮阵地位置和计算射击诸元方面具备自主作战能力；

二是配用了指挥控制信息系统（CCIS），使该炮能够将自身的阵地信息传递给作战地区内的其他“普赖默斯”榴弹炮；

三是每门榴弹炮都和相关的连指挥所相连通。

新加坡国防部认为，该炮的列装，使新加坡陆军炮兵的作战能力上了一个新台阶。新加坡陆军炮兵司令林德发上校指出，该炮既满足了陆军对压制火炮的火力和防护能力的要求，也满足了对一定射程内的机动性和精度的要求。

# 瑞典“弓箭手”自行榴弹炮

## ——火炮家族之王

“弓箭手”是Archer的中文意译，中文音译作“阿契尔”。“弓箭手”系统是一种注入了网络战概念和高新技术的新型火炮系统。瑞典“弓箭手”自行榴弹炮的主要功能是为陆军提供间接火力支援，其次是进行海岸防御。

瑞典“弓箭手”自行榴弹炮以最新一代沃尔沃A30D 6×6铰接全地形车为底盘，公路速度可达70千米/时，行程可达500千米。该装甲舱所提供的装甲保护至少可以达到4569标准的第三级，设计防护能力可以抵御6千克地雷对车轮的毁伤。

“弓箭手”重约30吨，由于其巨大的重量和庞大的体积，无法由C-130运输机运输，只能由空中客车的军用A400M型运输机进行运输。现在正在研制一种弹药补给车，使用同样的底盘，车上可以装弹约100发。

↓*BAE公司最新推出的“弓箭手”车载155毫米自行榴弹炮*

↑“弓箭手”自行榴弹炮进行炮塔固定发射试验

舱内乘员包括1名驾驶员和3名操作员，全部在装甲舱内工作。驾驶员拥有更多的包括导航系统在内的基本计算机装备，战车操作更加优化。

炮弹弹舱可以容纳各种类型的155毫米炮弹20发（要求炮弹长度不超过1000毫米、重量不超过50千克）。另外，战车上还额外装载了20发炮弹，可通过人工对弹舱进行补充。“弓箭手”能够以9发/秒的速度在2.5分钟之内发射20发炮弹，发射ERFB-BB炮弹的射程约40千米，发射“神剑”精确制导炮弹的射程约60千米。在车载火控系统控制下，它可让5发炮弹在3秒时间内几乎同时命中目标，使该系统对目标毁伤率大为提高。

为了实现近距离防护，“弓箭手”将与Lemur遥控武器站配合使用。该远程武器站由位于Karlskoga的BAE系统公司博福斯分公司设计制造，可能装有12.7毫米重机枪，使用泰利斯公司Celt 2小型护眼激光测距仪。

“弓箭手”火炮项目已进入最后阶段的研制，并进行两个营24门火炮的生产工作，初始交付工作于2009年开始，交付工作将持续两年。

↓瑞典“弓箭手”自行榴弹炮堪称当今火炮家族中的“快炮手”，其可将20发待发炮弹在2.5分钟内全部打光。